# 特殊奧運

## ── 自行車 ──

# 特殊奧運自行車運動規則

# （版本：2018 年 6 月）

# ■ 自行車項目

## 關於自行車項目：

自行車項目是需要良好體能、平衡、耐力及戰術的迷人運動。特殊奧林匹克運動會有距離不同的計時賽與公路賽。每位運動員騎乘他／她的自行車，目標是在最短時間內完賽、最先抵達終點。

## 特殊奧林匹克自行車項目設立於 1987 年。

## 特殊奧運自行車的不同之處：

特殊奧林匹克自行車項目與國際自行車總會的規則差異不大。兩個主要的不同處是最大努力原則（honest effort rule）適用於計時賽而非公路賽，以及終點線雙手離開手把。出自於安全考量，特殊奧林匹克自行車項目全程禁止雙手離開手把，不似非特殊奧林匹克自行車項目賽事那般，在跨越終點線之後甚至是之前，通常會接受預期贏家舉起雙手。國際自行車項目總會有四種主要的競賽：公路賽、場地賽、登山車、公路越野賽及極限自行車項目（BMX）。特殊奧林匹克的競賽僅限於計時賽與公路賽。

## 相關數據：

- 於 2011 年，有 76,748 位特殊奧林匹克運動員參與自行車項目競賽。
- 於 2011 年，有 79 個特殊奧林匹克成員組織參與自行車項目競賽。
- 2012 夏季奧運是首次在所有自行車項目競賽中，男、女參與比賽的人數比例相同。
- 直到 1800 年晚期才出現傳統的自行車輪胎，之前的輪胎是鐵製的！

## 競賽項目：

- 250 公尺計時賽
- 500 公尺計時賽
- 1 公里計時賽
- 2 公里計時賽
- 5 公里計時賽
- 10 公里計時賽
- 10 公里公路賽
- 15 公里公路賽
- 25 公里公路賽
- 40 公里公路賽
- 5 公里融合運動協力車計時賽
- 10 公里融合運動協力車計時賽

## 協會／聯盟／贊助者：

國際自行車總會

## 特殊奧運分組方式：

　　每項運動和賽事中的運動員均按年齡，性別和能力分組，讓參與者皆有合理的獲勝機會。在特殊奧運中，沒有世界紀錄，因為每個運動員，無論在最快還是最慢的組別，都受到同等重視和認可。在每個組別中，所有運動員都能獲得獎勵，從金牌，銀牌和銅牌，到第四至第八名的緞帶。依同等能力分組的理念是特殊奧運競賽的基礎，實踐於所有項目之中，包括田徑、水上運動、桌球、足球、滑雪或體操等所有賽事。所有運動員都有公平的機會參加、表現，盡其所能而獲得團隊成員、家人、朋友和觀眾的認可。

# 1 總則

正式自行車運動規則將規範所有特奧自行車賽事。針對這項國際運動項目，特奧會依據國際自由車總會（UCI，Union Cycliste International）的自行車規則（詳見 http://www.uci.ch/）訂定了相關規則。國際自由車總會或全國運動管理機構（NGB）之規則應予以採用，除非該等規則與正式特奧自行車運動規則或特奧通則第 1 條有所牴觸。若有此情形，應以正式特奧自行車運動規則為準。

有關行為準則、訓練標準、醫療與安全規範、分組、獎項、比賽升等條件及融合運動團體賽等資訊，請參閱特奧通則第 1 條：http://media.specialolympics.org/resources/sports-essentials/general/Sports-Rules-Article-1.pdf。

# 2 正式比賽

比賽項目包括基本比賽項目、個人比賽項目和接力項目，旨在為不同能力的運動員提供比賽機會。各賽事可視情況決定所提供的比賽項目及視必要性訂定管理比賽項目之規章。教練可因應運動員的能力及興趣，選擇合適的項目加以培訓。

下列為特殊奧林匹克提供的正式項目：

2.1　250 公尺計時賽

2.2　500 公尺計時賽

2.3　1 公里計時賽

2.4　2 公里計時賽

2.5　5 公里計時賽

2.6　10 公里計時賽

2.7　5 公里公路賽

# 3　賽道

## 3.1　規格

1. 賽道規格應為 2-5 公里長，短距離項目適合使用 2.5 公里賽道，5 公里以上比賽則適合 15 公里賽道。
2. 40 公里賽事建議並可使用更長的賽道。
3. 賽事距離可為約略值，所有比賽可使用相同的賽道。
4. 必須是環狀賽道。
5. 公路至少需為 7 公尺寬。

## 3.2　設計

1. 超過 1 公里賽事的賽道設計必須同時考量最快與最慢運動員的技術能力。
2. 不得使用往返式和含 180 度轉彎的賽道。
3. 超過 15 公里的公路賽事應在較長的賽道上進行，並應涵蓋有些許難度的地形。
4. 賽道規定的例外情況需經技術顧問核准。

## 3.3　世界賽賽道

1. 約 2.5 公里的賽道可用於 5 公里以下賽事。

2.所有其他距離賽事都應使用約 5 公里，不含 180 度轉彎的賽道。

3.應符合任何其他上述規則。

4.賽道規定的例外情況需經自行車 SRT 和技術顧問核准。

### 3.4　場地

1.路面狀況需良好，不得有坑洞，且不得為礫石路面。

2.賽前應清除路面上的沙石、礫石和泥土。水溝應以塑膠板覆蓋。賽道轉彎處和彎道的樹木與柱子前方應放置草堆。

### 3.5　交通

1.賽道應盡可能不讓外部車輛通行。

2.比賽進行中應禁止車輛通行。

### 3.6　休息區

1.應設立休息區，供運動員集合、熱身、準備與賽後緩和。

2.為確保運動員的安全，休息區不得與賽道重疊。

### 3.7　維修區

1.賽道周圍應設置維修區，供維修之用。

2.起點／終點區附近應設立至少一個維修區。

### 3.8　起點線

1.起點線可依比賽距離移動。

2.為確保出發安全，起點應至少有 7 公尺寬。

3.起點線至第一個轉彎間，應至少有 100 公尺直線道。

### 3.9　賽道標示

1.最後 1 公里應設置標示。終點前 200 公尺處應豎立白旗。

### 3.10　終點線

1.所有賽事的終點線應固定不動。

2. 終點區應至少為 8 公尺寬,並應以柵欄或路障妥善區隔保護,避免觀眾跑進賽道內。應設置安全的出口,供完成比賽的運動員離開賽道。

3. 終點線標示應覆蓋賽道完整寬度。

4. 最後 200 公尺不得有轉彎與彎道。

5. 終點線後至少應有 75 公尺直線道,供運動員順利減速。

## 3.11　計時賽

1. 計時賽賽道最短可為 500 公尺,前提是出發人數有限,且出發的運動員不得干擾正在繞圈的運動員。理想賽道長度為 2 公里。

2. 若為環狀賽道,出發後第一個彎道至起點間至少應有 100 公尺。

3. 路面寬度必須足以讓運動員超越其他運動員時,彼此之間至少有 1 公尺的距離(建議寬度為 4 公尺以上)。計時賽可採往返式賽道,但賽道應以實體路障分隔(如欄杆、水泥分隔、草地或邊欄)。計時賽可使用點對點賽道,並分別設置起點和終點線。所有距離賽事的終點線應固定不動,而起點線則因應不同距離而有所不同。

4. 路面狀況需良好,不得有坑洞,且不得為礫石路面。

5. 計時賽前,應清除路面上的沙石、礫石和泥土。水溝應以塑膠板覆蓋。賽道轉彎處和彎道的樹木與柱子前方應放置草堆。

6. 計時賽賽道不得讓外部車輛通行。

7. 賽道周圍應設置維修區,供維修之用。起點／終點區附近應設立至少一個維修區。

# 4　器材設備

## 4.1　安全帽

1. 訓練與比賽期間騎自行車時,運動員、融合運動夥伴與教練皆需配戴安全帽。

2. 安全帽必須合乎主辦國家之全國自行車運動管理機構所制定的安全標準。

## 4.2　自行車

1. 所有自行車必須合乎主辦國家之全國自行車運動管理機構規則制定的安全標準。若所使用的自行車經過改裝，但全國運動管理機構規則未加以規範，則發令員有責決定該自行車是否可以參賽。改裝自行車包括躺式自行車、成人三輪車、有輔助輪的自行車或其他經核准之改裝。自行車比賽主辦單位有權拒絕狀況不符規定的自行車參賽，不適合的自行車也可能導致運動員無法參賽。

2. 自行車必須有兩個正常運作的煞車。含可支撐前臂的車手把（或車手把向前或向上延伸）的自行車僅可用於計時賽。車手把必須與自行車牢固組裝，且配件應穩固安裝，以免妨礙方向控制。自行車可能須經首席裁判檢驗，以確保自行車之安全與符合規定；不須逐一檢驗各運動員的裝備。教練有責確保運動員的自行車是安全且符合規定。

3. 安全帽必須符合國家管理機構的安全規定標準。每個安全帽內必須有認證標章，並且不超過 3 年。

## 4.3　緊急狀況設備

1. 比賽現場應有認證合格醫療人員全程待命，且賽事推廣機構應設有緊急通訊線路。

2. 建議安排一輛救護車現場待命。

## 4.4　參加任何融合團隊計時賽或雙人賽都必須穿著相同的自行車服。

# 5 工作人員

## 5.1 主辦團隊應包括：

1. 技術總監

　（1）必須有辦理全國運動管理機構自行車賽事之經驗。

2. 賽事總監

3. 首席裁判（主裁判）

## 5.2 其他工作人員

1. 技術顧問（隸屬於技術總監）

2. 裁判

　（1）擔任發令員

3. 副裁判

　（1）兩位副裁判應負責賽前準備、參賽號碼、號碼正確配戴、比對
　　　自行車、號碼布、與正確出發順序等工作；若使用電腦晶片，
　　　則需確認晶片與運動員正確對應。

　（2）一位副裁判將擔任扶車員：協助支撐運動員將雙腳置於踏板上，
　　　同時保持身體直立。扶車員不得助推運動員出發。運動員亦可
　　　選擇出發時以單腳或雙腳著地。

4. 裁判長

　（1）終點線應設有裁判長工作區。

5. 計時員

　（1）一位副裁判或經認證計時公司將擔任計時員（必須設置可看見
　　　終點線的工作區）。

6. 自行車技術人員

　（1）經認證／有執照的自行車技師或合格自行車維修技師，並配有
　　　適當、必要之工具。

7. 賽道指揮員

（1）指揮員應於各交叉路口和整個賽道，確保運動員騎在賽道內並防止車輛及行人進入比賽賽道。

8. 認證合格醫療人員

（1）認證合格醫療人員應裝備適當的急救用品。

# 6 比賽規則

## 6.1 分組

1. 分級

（1）特奧自行車比賽應為所有能力等級運動員提供參賽機會。自行車項目提供三級比賽：

（1.1）短程：500 公尺計時賽、1 公里計時賽、2 公里計時賽

（1.2）中程：1 公里計時賽、2 公里計時賽、5 公里計時賽或公路賽

（1.3）長程：5 公里計時賽或公路賽、10 公里計時賽或公路賽、15 公里計時賽或公路賽、20 公里融合隊計時賽、25 公里計時賽或公路賽、40 公里計時賽或公路賽

（2）運動員將依「參賽時間」和／或預賽成績分配至適合的組別。地區、州省、區域和世界賽可自由針對不同項目制定時間標準。短程與中程項目**不得**制定最低時間標準。針對短程與中程項目設定時間標準，旨在防止有能力取得更佳成績的運動員參與這些項目。**然而**，適當情況下，<u>可以且建議</u>針對 **40 公里公路賽制定最低時間標準。**

（2.1）短程項目建議**最高**時間標準如下：

（2.1.1）500 公尺（男子組）：介於 1.00-2.00 分鐘

（2.1.2）500 公尺（女子組）：介於 1.05-2.10 分鐘

（2.1.3）1 公里（男子組）：介於 2.00-3.00 分鐘

（2.1.4）1 公里（女子組）：介於 2.00-3.00 分鐘

（2.2）40 公里公路賽建議**最低** * 時間標準

　　（2.2.1）男子組：1 小時 20 分鐘

　　（2.2.2）女子組：1 小時 30 分鐘

　　（2.2.3）技術顧問可視賽道、時間與天候狀況調整此標準。

（2.3）若運動員的分組時間與所報名的項目標準不符合，經技術
　　　顧問與首席裁判判定，可將運動員移至不同項目。

（2.4）若情況允許，教練將於賽前獲得參賽組別變動的通知。
　　　（註：教練有責任熟知運動員參與項目的時間標準）

（2.5）**世界賽：運動員若於世界賽、洲際賽、區域賽或國家賽短
　　　程項目中，曾取得較最高時間標準快的成績，則可能被移
　　　至中程項目參賽，不論預賽成績為何。**

2. 應舉行公路賽預賽以判斷運動員的騎車能力，並據此進行適當的競
　賽分組。

（1）若受限於時間，經首席裁判與主辦團隊裁決，同時參與計時賽
　　　與公路賽的運動員可以只參加一場分組賽，並依該成績進行兩
　　　項賽事的分組。

3. 公路賽分組

（1）不論距離，所有公路賽皆應進行 5 公里分組賽。

4. 計時賽分組

（1）可舉行計時賽預賽以判斷運動員的騎車能力，並據此進行適當
　　　的競賽分組。

（2）視不同賽事，可舉行 500 公尺、1 公里或 5 公里計時賽預賽。

5. 分組變動

（1）若運動員於公路賽或計時賽決賽中取得的最終成績，符合較高
　　　組別的預賽分組成績，則該運動員在後續決賽的分組可能因此
　　　變動。在成績公布時或賽事結束後合理時間內，教練會獲得分
　　　組變動的通知。

（2）若受限於時間，經首席裁判與主辦團隊裁決，同時參與計時賽與公路賽的運動員可以只參加一場分組賽，並依該成績進行兩項賽事的分組。

6. 經首席裁判與技術顧問同意，主辦單位可以讓多個公路賽組別同時出發。運動員將分組授獎。非經技術顧問與首席裁判核准，公路賽出發運動員總數一次不得超過 16 人。

（1）技術顧問，偕同賽事主辦單位與首席裁判，將決定區分各組運動員的最佳方式。這是為了讓運動員能知道競爭對手是誰，而大會工作人員與觀眾也可分辨運動員的參賽組別。

（2）若同一集團中有多個組別，則應使用不同顏色的大型安全帽貼紙、或配戴比賽編號加以區隔。亦可使用不同顏色的臂帶，但需考慮臂帶的種類，以及騎車時能否固定而不滑落至運動員手腕。這並非最適合的方式。（請注意，由於臂帶會接觸運動員的身體，因此有些運動員可能無法接受。）

（3）運動員出發時應依分組排列，讓運動員能看見自己組別的競賽對手。

（4）由於無法通風且安全帽型號與尺寸差異較大，因此不鼓勵使用安全帽套。

## 6.2　計時賽規則

1. 計時賽中各運動員皆與時間競賽。

2. 參賽運動員應間隔 30 秒或 1 分鐘出發。

3. 比賽開始

（1）發令員應使用聲音（口語和／或音調）與視覺（手指和／或時鐘）為運動員倒數開始時間。出發之前，將於不同時間宣布出發前所剩時間（例如：還有 15 秒、10 秒、5、4、3、2、1，出發！）

（2）針對聽障運動員，應使用視覺提示（旗子或放下手臂示意）説

明開始計時／比賽開始。

（3）運動員應由靜止狀態出發。扶車員將支撐自行車並於比賽開始時鬆手，但不得助推運動員。同組別的運動員應由同一名扶車員扶車。運動員亦可選擇出發時以單腳或雙腳著地。

（4）視賽道規格、賽道狀況、運動員能力分布和其他可能影響比賽安全的眾多因素，首席裁判與主辦團隊有權決定計時賽出發順序要按照運動員速度由快到慢或由慢到快。

（5）雙人融合隊伍計時賽由一名運動員與一名融合夥伴（非特奧運動員）組成。兩名隊員都必須參加分組賽和決賽，不得更換運動員。兩名隊員在起點都可由扶車員扶車。此賽事場地與個人計時賽的場地相同。當同隊第二位隊員的自行車前輪前緣穿越終點線，該隊即完賽。同隊二位隊員必須相距 5 秒內穿越終點線，才算完賽。應由技術委員和大會商討設定時間標準。

4. 改裝自行車

（1）只有計時賽可允許使用改裝自行車。首席裁判將依運動員人數、賽道狀況與運動員的能力等級，決定兩輪自行車與改裝自行車是否將一起比賽。

## 6.3　公路賽規則

1. 公路賽包括集體出發項目。

2. 多圈公路賽中，與領先者同圈完賽的運動員將依比例計算出比賽時間，除非裁判判定參賽運動員之間速度差異過大。若發生此情形，裁判將與賽事總監及規則委員會商討處理方法。公路賽決賽（集體出發）將不記錄時間。獎項將僅依排名頒發。「盡最大能力參賽」（Maximum Effort）原則不適用於公路賽決賽。

（1）多圈比賽的所有終點都應有鈴聲提醒運動員最後一圈；聽力障礙者應使用色旗提醒運動員最後一圈。

3. 除非經首席裁判邀請，主教練和其他代表團成員不得以任何車輛（包

括自行車）跟隨比賽。教練可於賽道邊線外給予指導。

4. 比賽時將有一輛汽車或摩托車在第一名運動員前開路，並與運動員保持安全距離。

5. 比賽開始

    （1）發令員會以槍聲或口哨宣布比賽開始。除此之外，針對聽障運動員，應使用視覺提示（旗子或放下手臂示意）說明開始計時／比賽開始。

6. 比賽結束

    （1）比賽結束將依運動員排名或穿過終點線的順序。

    （2）當自行車前輪穿越終點線，即代表完賽。

7. 若賽道長於 2.5 公里，可允許多個組別的運動員同時進行比賽。不同組別可以 1 分鐘、2 分鐘、或 3 分鐘間隔出發。

8. 運動員應依主裁判指示佩戴參賽號碼。

9. 比賽開始前，運動員應有時間熱身和檢查賽道。

## 6.4　通用比賽規則

1. 公路賽或計時賽中，可由一輛摩托車或汽車跟隨最後一名運動員。

2. 運動員若遭遇機械故障，可更換自行車任一零件，如有必要，亦可更換整部自行車以完成比賽。此時運動員可接受協助。運動員若遭遇擦撞或機械故撞和／或爆胎，再次騎上車時可由他人助推最多 10 公尺。

    運動員在沒有自行車的情況下前進皆不算（降級或取消資格）。若遭遇擦撞、爆胎和／或機械問題，運動員可推自行車沿著賽道跑過終點線；若為融合運動協力車參賽隊伍，跨越終點線時二位運動員都必須碰觸自行車。

3. 運動員必須至少有一隻手全程置於車手把上，穿越比賽終點時亦同。

4. 無線電使用：比賽中運動員不得使用或攜帶無線電與其他運動員或教練溝通。

5. 比賽或訓練時，禁止使用任何形式的耳機（於靜止器材上時除外）。
經鑑定為聽障者可使用助聽和放大裝置。

6. 運動員若要使用任何特殊空氣力學裝備，如空氣力學安全帽、碟輪、
連身服等，必須於分組賽中使用／穿著，才能允許於決賽中使用／
穿著。

# 7 融合運動協力車計時賽

## 7.1 賽程距離

1. 賽事總監有權決定將採用的賽程距離。

## 7.2 位置

1. 運動員或夥伴可決定各自在協力車上擔當的位置：領航（前）或助
力搭檔（後）。

2. 根據國際自由車總會的身障自行車規則，全盲與視障運動員可搭配
視力正常的領航，以協力車助力搭檔身分參賽。

## 7.3 分組

1. 建議於比賽當天進行預賽，以取得正確的融合運動協力車計時賽分
數。

2. 參與正式比賽的兩位運動員（融合夥伴與運動員）都必須參加預賽。

3. 預賽應依 6.1 節「分組」之規定進行（例如：預賽距離可為 500 公
尺或 1 公里）。

## 7.4 計分

1. 協力車計時賽計分方式與其他計時賽相同。

## 7.5 規則

1. 規則應與 6.2 節「計時賽規則」所述內容相同。

# 特殊奧運自行車教練指南

## 自行車訓練和賽季規劃

### 目錄

# ■ 特殊奧運自行車指南

## 致謝

特殊奧林匹克運動會由衷地感謝安納伯格信託基金會（Annenberg Foundation）贊助這份指引以及資料，支持我們培養優秀教練的全球性目標。

特殊奧林匹克運動會亦感謝協助製作這本《自行車教練指南》的專業人士、志工、教練以及運動員。他們協助我們完成特殊奧林匹克運動會的使命：為八歲以上，具智能障礙的人士，舉辦各種奧林匹克運動全年度的運動訓練及競賽，提供發展體能、展現勇氣、體驗喜悅的機會，且與他們的家庭、其他特殊奧林匹克運動員及社群，分享他們的天賦、技術、和友誼。特殊奧林匹克運動會歡迎未來修訂這份指南的相關意見與指教。如果有任何原因，致謝名單有意外疏漏之處，我們深表歉意。

## 作者

保羅·柯利（Paul Curley），特殊奧林匹克公司自行車技術代表
伊恩·道森（Iain Dawson），自行車資源小組成員
辛蒂·哈特（Cindi Hart），自行車資源小組成員
翠西·李（Tracy Lea）自行車資源小組成員

蘇·麥唐納（Sue McDonough），自行車資源小組員

萊恩·墨菲（Ryan Murphy），特殊奧林匹克公司

## 特別感謝以下人士的協助及支持

佛洛伊德·克羅克斯頓（Floyd Croxton），特殊奧林匹克公司運動員

戴夫·雷諾克斯（Dave Lenox），特殊奧林匹克公司

卡拉·西里安尼（Karla Sirianni），特殊奧林匹克公司實習生

保羅·威查德（Paul Whichard），特殊奧林匹克公司

馬里蘭州特殊奧林匹克運動會北美洲特殊奧林匹克運動會

於影片中擔綱演出的馬里蘭州特殊奧林匹克運動會運動員

安琪拉·巴克勒（Angela Buckler）

蜜雪兒·強森（Michelle Johnson）

席德·李（Syd Lea）

喬·奎德（Joe Quade）

布蘭登·湯普森（Brandon Thompson）

辛蒂·哈特（Cindi Hart）－教練

協助影片拍攝的馬里蘭州特殊奧林匹克運動會志工

珍·布倫南（Jean Brennan）

瑪莉·盧·布奇（Mary Lu Bucci），馬里蘭州特殊奧林匹克運動會－聖瑪莉郡

# 設定目標

　　給每個運動員設定實際但具挑戰性的目標，對於訓練及競賽時的動機是很重要的。目標的設定會建立且推動訓練及競賽的計畫。運動員對於運動的自信，讓參與運動變得有趣，是提升運動員動機的關鍵。更多關於目標設定的資訊，詳見「教練的原則」這部分。

## 目標設定

　　設定目標需要運動員及教練一起努力。目標設定的主要特點包括以下這些：

## 分成短期、中長期及長期目標

- 協助運動員能邁向成功
- 運動員必須能接受這個目標
- 難易度各異—從容易達成到具挑戰
- 必須是可以量測的

## 長期目標

　　運動員擁有基礎的自行車技術、合宜的社交行為，且了解成功參與自行車競賽所需的規則知識。

## 短期目標

- 經由示範及練習，運動員在騎乘自行車前能正確熱身。
- 經由示範及練習，運動員能順利執行第一級（基本）的自行車技術。
- 經由示範及練習，運動員能順利執行第二級（中階）的自行車技術。
- 經由示範及練習，運動員能順利執行第三級（高階）的自行車技術。
- 不論是標準或是改良版的自行車競賽規則，運動員都能在參與自行車比賽時遵守這些規定。
- 經由文字或是口頭的安全指令，運動員能夠全程安全地騎乘自行車。
- 在自行車活動中，運動員能全程展現運動家精神。

## 好處

- 提升運動員的體能、協調性及敏捷度。
- 教導運動員自律。
- 教授運動員其他運動的重要運動技術。
- 讓運動員能多一種交通方式。
- 提供一種自我表現與參與社交活動的方式。

# 目標評估清單

1. 寫下目標。

2. 這個目標能滿足運動員的需求嗎？

3. 這個目標是以正向的方式陳述的嗎？如果不是的話，重新寫。

4. 這個目標是否在運動員的掌控之中，而且它聚焦於這位運動員的目標，而非其他人的目標？

5. 這個目標是否實際上是個目標，而不是一個結果？

6. 這目標有沒有重要到這運動員會想要努力達成？他／她有時間與精力去完成它嗎？

7. 這目標會如何改變運動員的人生？

8. 在朝這個目標邁進時，這個運動員可能會遭遇什麼阻礙？

9. 這運動員還知道什麼？

10. 這運動員需要什麼才能學會怎麼執行？

11. 運動員需要克服什麼挑戰？

# 規劃自行車訓練及賽季

## 季前計畫及準備

　　自行車教練本身就要準備好迎接即將到來的賽季。以下的清單是著手計畫時的一些建議。

1. 藉由參加訓練及講座，提升教練自己的自行車知識與教練技巧
2. 為自行車練習找一個環境安全的地點（公園、車流不大的道路、停車場等等）。
3. 從當地的自行車組織招募志工助手。教這些助手在訓練時確保運動員安全的處理技巧。
4. 招募志工，在運動員練習還有比賽時幫忙接送。
5. 與當地的組織聯繫，了解志工招募的程序。
6. 在首次練習前，要確定所有的自行車運動員都有接受詳細的身體檢查。另外，一定要取得父母／監護人的同意書及運動員的病歷資料。
7. 建立目標，籌畫 8 至 12 周的訓練計畫，在這份指南後面有提供一份範例。
8. 試著 1 周至少安排 2 次訓練。
9. 在自行車季的中間，為你的運動員計畫一個小型競賽。

## 確認訓練行程

在你決定還有評估過訓練地點後，就可以來決定訓練及比賽時程了。通知以下的相關人士訓練及比賽時程是很重要的，這會幫助你的特殊奧林匹克自行車訓練活動提升社群意識。

- 當地的特殊奧林匹克單位。
- 與當地有關當局聯繫使用地點的事宜。
- 志工教練。
- 運動員。
- 運動員的家人。
- 媒體。
- 管理車隊的人員。
- 官方人士。
- 醫療人員。

訓練及比賽時程的內容不止於以下這些：

- 日期開始與結束時間。
- 報到及／或會面處。
- 教練的電話號碼。

# 計畫自行車訓練的核心元素

每次訓練要包含相同的核心元素。在每個元素所花的時間，會依該次訓練的目標、在賽季的哪個階段，以及該次訓練有多少時間可用而訂定。下面的這些元素要包含在運動員每日的訓練計畫中。更詳細的資訊以及指引，請參閱講述這些元素的章節。

☐ 暖身
☐ 之前教過的技術
☐ 新的技術
☐ 競賽經驗／特定運動的訓練
☐ 收操
☐ 提供關於運動表現的回饋

計畫訓練的最後一步是設計運動員實際要做的動作。記住：用主要元素設計訓練時，循著這個順序，可以讓運動員逐漸提升活動量。

1. 簡單到困難
2. 慢到快
3. 已知到未知
4. 一般性到專項性
5. 開始到結束

為了讓運動員能得到有效的教學及學習的經驗，教練要讓訓練可以：

- 確保運動員的安全
- 每個人都能聽到指令
- 每個人都能看到示範動作
- 每個人都有機會儘量練習
- 每個人都有機會規律地檢查技術有沒有進步

　　在路上學習還有練習技巧的流程，與要學習的技術、自行車運動員的技術程度、訓練區域的大小、地形及可使用的道路範圍、以及運動員的數量、體型及年紀有關。

　　不管使用哪種教學方法，以下是讓學習成效良好的一些建議：

1. 如果可能的話，在示範動作時，運動員要背對太陽以及背對會讓人分心的東西。

2. 在示範動作及練習時，運動員一定要能看到以及聽到指令。

3. 運動員要有機會針對即將學習的技術，在身體及精神方面去適應自行車以及道路。

4. 教練要把大部分的練習時間分給技術訓練。要包括分析每個運動員的動作，以及為了運動員的進步，給出適當且即時的建議。

5. 自行車運動員必須要有不會被其他運動員影響的廣大空間。

## 安排優質訓練的訣竅

- 查詢天氣狀況，依據天氣調整訓練計畫。
- 為技術訓練找好有柏油路的場地，必須是車輛及行人流量稀少，很少騎乘障礙物（例：減速丘、路緣、和電線杆），且有平整表面的地方。大的停車場或許是不錯的選擇。廣大的草地遊戲坪或許適用於某些技術練習。
- 做耐力訓練時，要選擇車少且有平整柏油路的路線。路線要事先量測里程數。根據你的訓練計畫，把各自的角色與責任分配給助理教練。計畫適當的時間，做器材與安全檢查。
- 依照能力安排技術站，且在運動員抵達前就要把所有器材與訓練站準備好。不該有人在你準備器材的時候站著空等。介紹且向教練及運動員致意。
- 跟每個人複習預定的訓練內容。要讓運動員清楚行程或是活動有哪些改變。依能力來為運動員分組。
- 盡可能多次示範運動技巧。
- 把每次訓練的一部分時間分配給團體活動。
- 如果活動進行順利，建議在興致高昂的時候停止活動。
- 在練習的尾聲安排包含了挑戰性與樂趣的團體活動，讓運動員每次都會期待練習的結束活動。
- 如果有自行車運動員在訓練開始後才加入隊伍，應該要做技術評估。
- 總結這次訓練，宣布下次訓練的內容。

# 有效訓練的原則

| | |
|---|---|
| 讓運動員保持主動 | 運動員必須主動聆聽課程。 |
| 制定清楚、簡潔的目標 | 如果運動員知道別人有怎樣的期許，他們會學得更好。 |
| 給予清晰、簡要的指導 | 示範動作可以提高指導的正確性。 |
| 記錄進展 | 跟你的運動員一起記錄進步狀況。 |
| 給予正面回饋 | 針對運動員表現良好地方，強調並給予讚賞。 |
| 安排變化 | 變化運動可以防止無聊倦怠。 |
| 鼓勵樂在其中 | 訓練及比賽是有趣的一要為了你還有你的運動員保持趣味性。 |
| 製造進展 | 資訊是這樣依序傳遞時，運動員會學得更多：<br>• 已知到未知<br>• 簡易到複雜一了解「我」做得到<br>• 一般性到專項性 |
| 規劃資源的最大化使用 | 用你手邊的資源來創造出你沒有的器材一發揮創意思維。 |
| 允許個體差異 | 不同的運動員有不同的學習速度及不同的能力。 |

## 執行安全訓練的要訣

規劃訓練時最重要的一點就是要照顧運動員的安全及健康。藉著採取適當的安全措施,包括提供安全的環境,來竭盡所能地預防意外事件。雖然風險可能不大,教練有責任確保運動員／家長／監護人知道且了解自行車運動帶有的風險。

☐ 先建立清楚的行為規定,然後執行它們:
手不要亂摸
聽教練講話
當聽到口哨聲或是下令停止─先確認可以安全地停止,還有確認你附近的自行車運動員知道你要停止了─絕對不要在後面有人的時候突然停止
停、看、聽
在離開訓練區域前要詢問教練
☐ 天氣不好的時候,要有計畫能立刻讓運動員遠離嚴峻的氣候。
☐ 確認運動員每次練習時都有帶水。
☐ 檢查你的急救箱;把缺的用品補好。
☐ 確認教練有每個運動員的醫療資料及緊急聯絡資訊。
☐ 每位教練都要接受緊急措施的訓練,且提供運動員關於緊急措施的資訊。
☐ 選擇一個安全的訓練區域。不要在有碎石、減速坡、或是有坑洞的柏油路這種會讓人受傷的地方練習。
☐ 在訓練區域檢視一遍,注意有沒有路緣或障礙物,用安全錐把它們標示起來。把碎石掃起來。
☐ 如果在開放道路上訓練,預先騎乘路線,確保狀況安全。

☐ 複習你的急救及緊急措施。在訓練還有比賽的時候，要有接受過急救及心肺復甦術的人在運動場上或是在很靠近運動場的地方。

☐ 在首次練習時，要建立清楚的行為規則。

☐ 在每次練習的一開始，正確地熱身及伸展，以避免肌肉傷害。

☐ 以訓練來提升自行車運動員的整體體能程度。體能好的自行車運動員比較不容易受傷。讓你的訓練充滿活力。

☐ 在進展到開放道路騎乘前，運動員必須能先確實掌握〈基礎技術〉中列出的技術。

☐ 建議教練與運動員的比例為一比五。道路騎乘的建議比例則是一比一。教練應與運動員一同騎乘，且能隨時指出潛在危險以及交通規則。

☐ 規則，例如隨時遵守所有交通規則，要說明且執行：
永遠騎在道路右側
遵守所有交通號誌
在路口要讓路
使用正確的交通手勢—要確認你的運動員知道如何使用它們

☐ 要跟所有運動員說明狀況，包括從訓練開始，訓練時每隔一段固定的時間，以及訓練結束時。

☐ 騎乘自行車時，所有的自行車運動員與教練務必要全程配戴安全帽，且雙手放在把手上。

☐ 教練要在每次練習前執行裝備檢查：
安全帽要配戴正確，檢查是否有裂痕以及帶子有沒有功能正常。
衣服不能妨礙騎乘。
頭髮以及／或眼鏡不該干擾運動員的視線。
車架與前叉狀況良好。

自行車座位（座墊），把手及豎管有鎖緊。

配件（例如水壺架、打氣筒、座墊包或是電腦）有正確固定好。

煞車功能正常（煞車皮牢牢夾住輪框）。

輪胎有充飽氣，輪子正確置於中央。

快拆桿或是輪子的螺帽有鎖好。

鏈條有足夠的潤滑，齒輪工作正常。

## 選擇安全且自行車適宜的練習道路

　　找到適合學習還有練習自行車的理想場地並不容易。平坦、乾淨、平整、能見度佳，沒有對機動車輛開放的道路，是最佳的選擇。如果在自行車及行人不多的時段，自行車道可能會是不錯的騎乘地點。有些技術在草地上可能會比較好；包括有可能會摔車的練習，例如車輪接觸或是跟車。草地不只會稍微軟化摔車力道，還可以讓速度慢一點。當然，更進階的技術必須在開放道路上學習。要是希望能安全且有效率地在車陣中騎乘，一定要體驗共享道路的狀況。自行車運動員要先知道道路的規則，而且在進到車陣之前就要擁有很好的操作技巧。要教授運動員水溝蓋的危險（會把輪子卡住），以及在需要時穿越鐵路平交道的正確方式。

## 自行車比賽的機會

　　競賽可以鼓舞運動員、教練，以及整個運動隊伍。盡可能地在你的時程中加入競賽機會。以下提供一點建議。

　　1. 舉辦區域或地區性自行車競賽

　　2. 詢問是否能讓你的運動員與自行車社團比賽

　　3. 參加當地的自行車社團或是國際自由車總會

　　4. 聯絡你的國家政府機構，或是上 www.uci.ch 查詢國家的聯繫窗口

　　5. 在你的社區中創建一個自行車社

## 訓練安排的範例

下面這個訓練計畫為特殊奧林匹克運動會的自行車運動員提供一個範例計畫。這個計畫以漸進自行車技術為基礎概念。每個教練要依運動員的特定技術以及能力程度來執行訓練計畫。教練也許需要依據可用的訓練地點及時間限制來修改訓練。

這個計畫帶領自行車運動員從入門一直到競賽。對很多人來說，有氧體能以及發展技術會需要八至十二周才能完成。在計畫開始前，我們假設以下這些狀況：

1. 這個訓練計畫奠基於一次最少 60 分鐘的訓練課程。
2. 這個訓練計畫奠基於每周可以使用一次或大於一次的場地。
3. 這個計畫預設運動員可以在不需協助的狀況下騎乘自行車。

# 初學者的 12 周訓練計畫—範例

自行車運動員在開啟十二周訓練計畫時的技術程度是不同的。有些運動員會需要多一點學習技術的時間，有些運動員已經有不錯的技術而且能夠直接進到訓練計畫中的體能階段。每個運動員都需要個別處理。到了第十二周，你的運動員應該要很熟悉自行車技術，發展出足夠的有氧體能，且有機會參加競賽。

| | |
|---|---|
| 第 1 周 | 認識練習區域、志工教練、運動員、家人以及照顧者<br>認識練習場地、規則，檢查自行車及器材，安全措施<br>熱身、技術評估、團體活動、收操 |
| 第 2 周 | 加強第 1 周的內容<br>自行車以及安全檢查、熱身、繼續做技術評估、團體活動、收操 |
| 第 3 周 | 熱身<br>完成技術評估<br>為每個人設定這個賽季的目標<br>確認且發展個人訓練計畫<br>有氧體能訓練<br>收操 |
| 第 4 周 | 熱身<br>依據個人訓練計畫提升自行車技術<br>增加有氧體能訓練（35 － 40 分鐘）<br>收操 |
| 第 5 周 | 熱身<br>複習之前的訓練<br>繼續提昇技術的訓練<br>有氧體能訓練（30 分鐘；能夠在道路上訓練的運動員，體能訓練可以高達 55 分鐘）<br>收操 |
| 第 6 周 | 熱身<br>提升技術－加強弱點<br>有氧體能訓練（30 － 55 分鐘）<br>回顧個人目標－視狀況調整<br>收操 |

| 第 7 周 | 熱身<br>執行技術評估<br>加強比較弱的技術<br>有氧體能訓練（30 － 40 分鐘）<br>收操 |
| --- | --- |
| 第 8 周 | 熱身<br>有氧體能訓練（30 － 55 分鐘）<br>介紹競賽技術（起跑、跟車）<br>收操 |
| 第 9 周 | 熱身<br>為各個族群介紹競賽活動<br>在非競賽的環境中練習<br>收操 |
| 第 10 周 | 熱身<br>介紹活動的競賽層面<br>練習優秀的運動家精神，為隊友加油<br>收操 |
| 第 11 周 | 熱身<br>為賽季最最後一次技術評估<br>依序練習技術－以有趣的活動結束<br>收操 |
| 第 12 周 | 以獎勵結束有趣的競賽，頒發完成賽季的證書 |

# 特殊奧運自行車教練指南

## 自行車技能教學

## 目錄

# 熱身

　　熱身期是每次訓練或是準備競賽的第一個階段。熱身以緩慢漸進的方式開始，且包含所有肌肉與身體部位。除了讓運動員做好心理準備，熱身也有數種生理上的益處。

　　運動前熱身的重要性無庸置疑。熱身會提高體溫，且讓肌肉、神經系統、肌腱、韌帶及心血管系統準備好執行接下來的伸展以及運動。藉由增加肌肉彈性，受傷的機率大幅下降。

## 熱身

- 升高體溫
- 提升代謝率
- 增加心跳及呼吸速率
- 讓肌肉與神經系統為運動做好準備

　　熱身要依接下來的活動而量身訂做。熱身的強度與時間也與等一下的活動有關。活動愈短，熱身強度愈高。活動愈長，例如說道路競賽，熱身的強度就要愈低。

　　熱身包括從動態動作到更激烈的活動，以提升心跳、呼吸及代謝率。熱身階段全部至少會花 25 分鐘，且緊接在訓練或是競賽之前。熱身的效果可以維持長達 20 分鐘。如果活動延遲超過 20 分鐘開始，熱身的效益可能會消失。熱身期會包含下列的基本程序及項目。

| 活動 | 目的 | 時間（至少） |
| --- | --- | --- |
| 和緩的有氧步行／快走／跑步／輕踩自行車 | 讓肌肉溫度升高 | 5 分鐘 |
| 伸展 | 提升活動度 | 10 分鐘 |
| 活動專項的練習 | 為訓練／競賽準備好協調性 | 10 分鐘 |

## 有氧熱身

　　有氧熱身包括快走、輕鬆慢跑、邊走邊做手臂繞圈、開合跳、在訓練台上騎乘或是輕鬆騎自行車。

## 走路

　　走路是運動員例行練習中的第一項運動。運動員藉著漸速走五分鐘來加溫肌肉。這會讓血液流經所有肌肉，因此伸展時會有更多的靈活度。熱身唯一的目標是讓血液循環以及加溫肌肉，以便從事強度更高的活動。

## 自行車

　　再來的例行運動是自行車。以不會喘不過氣的強度騎自行車 5-10 分鐘，開始讓肌肉升溫。血液會循環通過所有肌肉，讓肌肉伸展時有更多靈活度。一開始慢慢騎乘，然後漸漸地增加速度；然而，一直熱身結束到，強度都不會超過最高強度的一半。記住，這個階段熱身的唯一目標是促進血液循環以及讓與自行車相關的肌肉升溫，準備做強度更高的運動。使用自行車訓練台是有效率的熱身方法。

　　如果運動員是要做短程計時賽或是衝刺，那他／她應該要活動前在自行車上在做數次無氧的「跳躍」。在熱身的最後階段結束時，運動員應該要喘不過氣而且出汗。如果活動前沒有妥善預備好，運動員可能會發現他／她在活動中使不上力。對身體預先施加壓力對於運動表現極為重要。身為教練的你，要知道怎樣的熱身準備是過多的，怎樣的熱身準備是不足的。

## 伸展

　　伸展是熱身以及運動員運動表現最重要的組成之一。較柔軟的肌肉是強壯且健康的肌肉。強壯且健康的肌肉對於活動及運動的反應比較好，而且能幫助預防傷害。更多深入的資訊請詳見後面〈伸展〉的這個章節。

## 活動專項的練習

　　在運動活動之中，如果把練習獨立出來專注執行，運動員可以因此精進技術。把練習融入熱身，可以 1) 讓運動員以較低的強度去訓練該項活動會提升特定肌肉群，以及 2) 藉著除去例如疲勞（身體及心理）的阻礙，讓運動員在完成任務時可以煥然一新，造就促成進步的更加環境。

　　學習的順序是從初階能力開始、進展到中階、最後到達高階的能力。要鼓勵每位運動員盡可能推進到最高的程度。練習可以跟熱身結合，然後進展到學習專項技術。

　　透過反覆執行一小段欲執行的技術，技術得以被傳授以及強化。在教學時，動作常常會做得比較誇張，以便強化執行該項技術的肌肉。每次指導時，教練應該帶領運動員做完整套技術，讓他／她可以接觸構成一項活動的所有技術。

# 伸展

　　伸展對於訓練及競賽的最佳表現都很重要。活動度是經由伸展來提升的。伸展會接在訓練或是競賽開始時的輕鬆熱身之後。在伸展之前，肌肉與關節一定要先熱身好，運動員絕不該在身體冷的狀態下「突然」開始伸展。

　　一開始輕鬆地伸展至有張力的程度，然後維持這個姿勢 15-30 秒，直到拉力減緩。當張力變小的時候，慢慢地更進一步伸展，直到再次感覺到張力。在這個新的位置再停留 15 秒。每項伸展應該要在身體每側重複 4-5 次。

　　在伸展時一定要持續呼吸。當你進入伸展時，要吐氣。達到伸展點之後，一邊撐住，一邊繼續吸氣以及吐氣。伸展應是每個人日常生活的一部分。例行的每日伸展，已被證實有下列效果：

1. 增加肌肉－肌腱單位的長度

2. 提升關節活動度

3. 降低肌肉張力

4. 建立身體知覺

5. 促進循環

6. 讓你感覺良好

　　自行車騎乘需要互補的肌肉組合在無意識的狀態下彼此協調。為了讓肌肉可以有效率。在一組肌肉收縮以及做工時，另一組肌肉務必要放鬆。如果肌肉緊繃或是短縮，肌肉會無法放鬆，會與該做事的肌肉衝突或是「打架」。騎乘自行車的主要肌群是股四頭肌及腿後肌群。

　　自行車運動伸展的重要重點區域是：

- 股四頭
- 腿後肌群
- 小腿

- 阿基里斯腱
- 下背
- 頸部與手臂

有些運動員，例如有唐氏症的那些運動員，也許肌肉張力會比較低，讓他們看起來活動度比較好。小心，別讓這些運動員伸展時超過正常、安全的範圍。有數種伸展對所有運動員都很危險，且絕不會是安全伸展計畫的項目之一。不安全的伸展包括以下這些：

- 頸部後彎
- 軀幹後彎
- 脊椎捲曲

伸展只有在正確執行時才會有效。運動員要專注於正確的姿勢以及排列。以小腿伸展為例，很多運動員沒有保持腳掌朝前，沒有朝向他們要跑的那個方向。

錯誤　　　　　　　正確

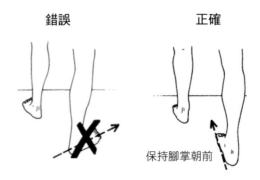

保持腳掌朝前

另外一個伸展時常見的錯誤是為了進一步伸展髖部而彎曲背部。例子之一是簡易的坐姿前彎腿部伸展。

錯誤　　　　　　　　　正確

　在這份指南中，我們把重點放在主要肌群的基礎伸展。我們會從身體上方開始，一路進行到腿部與腳掌。

## 上半身

### 胸部伸展

手掌朝內
在身後雙手交握
把雙手推向天空

### 體側伸展

雙手過頭高舉
前臂交握
彎向身體一側

### 胸部伸展

雙臂過頭高舉
雙手交握
掌心向上
雙手推向天空

　　如果運動員雙手無法握在一起，他／她還是可以藉由把雙手推往天空而得到良好伸展，如上面這位運動員所示範的一般。

### 三頭肌伸展

雙臂高舉過頭

彎曲右手臂,把手掌帶到身後

抓住曲臂的手肘,溫和地拉往
背部中間

在另一側手臂重複這個動作

### 肩三頭伸展

把手肘放到一另側手掌

拉到對側肩膀

手臂打直或是彎曲皆可

### 胸部伸展

雙手於頸後交握

手肘向後

背部保持筆直且高挺

運動員在做這個簡單的伸展時可能
不會很有感覺,但這個動作會打開
胸廓以及肩膀內部的區域,讓胸廓
以及手臂為運動做好準備。

# 下背與臀部

### 腳踝交叉伸展

坐著，雙腿向前伸出，腳踝交疊，
手臂向身體前方伸出。

### 鼠蹊部伸展

坐著，腳底互碰
抓著腳掌／腳踝
從髖部前彎
確保運動員下背
是往上拉的

圖片裡運動員的背與肩
膀是拱起來的。這位運
動員沒有從他的髖部伸
展，也沒有得到這個伸
展的最大好處。

圖片裡的運動員有
正確地把胸部帶往
他的雙腳，且沒有
把他的腳趾拉向他
的身體。

## 髖部滾動

仰臥姿，雙臂展開，
膝蓋帶往胸口
慢慢地把膝蓋倒往左側（吐氣）
膝蓋回到胸口（吸氣）

膝蓋要併攏，以便完整
伸展臀部。

### 躺姿腿後肌伸展

### 脊椎捲曲

仰臥，腿向前伸出
雙腿輪流帶往胸口
雙腿同時帶往胸口

仰臥
左膝帶往胸口
將頭與肩膀靠向膝蓋
換另外一腳

## 下犬式－墊腳尖

雙膝跪地，雙手在肩膀正下方，膝蓋在髖部下方。把膝蓋抬高，直到腳尖踮起。慢慢地讓腳跟著地。持續緩慢地上下來回。

下犬式－腳掌平貼地面          腳交替

腳跟往地面踩下
絕佳的下背伸展

輪流把一腳踮腳尖，一腳
保持腳底平放在地上
預防以及減緩脛前痛的絕
佳伸展

# 下半身

### 小腿伸展

面向牆壁／圍欄站立
前腳稍微彎曲
彎曲後腳的腳踝

### 屈膝小腿伸展

雙膝微彎，以減少壓力

### 腿後肌伸展

雙腿往前伸直且併攏
雙腳不鎖死
髖部屈曲，雙手往腳踝伸去
腳從腳跟往前推，腳趾頭朝
天空的方向用力

### 坐姿開腿伸展

雙腳張開，髖部屈曲，
雙手往中間向前伸
背部持續打直

跨欄伸展 – 錯誤　　　　　　　跨欄伸展 – 正確

　　跨欄伸展中，前方腿的正確排列是很重要的。腳掌一定要指向跑步的方向。

　　坐著，雙腳往外伸出，曲膝，腳底貼在對側大腿
　　直腳的腳趾朝天空的方向放鬆
　　從腳跟往外推，腳趾朝天空用力
　　輕鬆地在髖部屈曲伸展，手伸向腳掌或是腳踝
　　胸口靠向膝蓋

登階　　　　　　　　　　站姿腿後肌伸展

屈膝踩在支撐物上　　　　把腳跟靠著
把髖部往前推向支撐　　　把胸口／肩膀往前還有往上推

站著，手臂過頭向前
慢慢地彎腰
把雙手不帶壓力地帶向腳踝或是小腿
手指指向腳

# 伸展－快速參照指引

## 保持放鬆
運動員放鬆且肌肉加溫後才開始伸展

## 系統性地執行
從身體上半部往下進行

## 從一般性到專項性
從一般性的伸展開始，然後進入活動專項的運動

## 在發展技術前先輕鬆伸展
執行緩慢、漸進的伸展

不要為了快速伸展而震盪或彈跳

## 使用變化性
以不同的運動來訓練同樣的肌肉，讓訓練有趣

## 自然地呼吸
不要憋住呼吸，保持平靜且放鬆

## 允許個體差異
運動員開始還有進展的程度都不同

## 規律地伸展
永遠都要規劃伸展還有收操的時間

在家也要伸展

# 收操

收操跟熱身一樣重要，但是常常被忽略。突然停止一項活動可能會導致血液積聚以及減緩運動員體內代謝廢物的排除。它也可能在特殊奧林匹克運動員身上造成抽筋、痠痛以及其他問題。收操會逐漸降低體溫和心跳，在下一次訓練或是競賽前，加速恢復的過程。收操也是教練與運動員討論這次練習或是比賽的好時機。收操也是做伸展的好機會。肌肉溫暖而且可以承受伸展的動作。

在收操時，要提醒運動員開始水分與能量的補充。提醒運動員小口啜飲，而非大口喝水。恢復是訓練極為重要的一部分，但常被略過以及忽視。

| 活動 | 目的 | 時間（至少） |
|------|------|------------|
| 低速輕鬆騎乘 | 降低體溫<br>逐漸降低心率 | 10 分鐘 |
| 輕度伸展 | 移除肌肉代謝廢物 | 5 分鐘 |

## 騎乘三輪車的訣竅

　　特殊奧林匹克運動會盡可能鼓勵教練教運動員騎乘雙輪的腳踏車。每次訓練時，花一點時間在騎三輪車的運動員身上，試著讓該位運動員轉換到雙輪自行車；當樂趣已消失，回去騎三輪車。只用三輪車的常見疑慮包括：

- 三輪車比標準的自行車更重，需要做更多功才能加速。
- 在更高速時，轉換方向可能會不穩定且危險。
- 三輪車不被允許參與非特殊奧林匹克運動會的自行車活動。
- 因為零件可取得性的關係，維修比較不容易。
- 運送比較困難。

## 學習騎自行車

　　教人騎自行車有很多方法。其中一個成功的方式是找出運動員可以舒適地坐在自行車上且雙腳碰到地上的自行車尺寸。這意味著使用一台一般來說對該位自行車運動員太小的自行車，但就學習的目的來說，這樣可以加強信心以及安全性。這時最好把踏板、曲柄、鏈條移除，讓讓運動員雙腳可以容易無阻礙地踏到地上（在這個學習階段，你的運動員最好要穿長袖長褲）。找一個很平緩的下坡，讓自行車運動員用腳推動自行車前後移動。在運動員能夠以腳離地的方式滑下這個緩坡時，可以把踏板重新裝回去，讓運動員學習使用踏板來移動自行車。如果你會常常教人學習騎雙輪車，最好有一台腳踏車是用來這樣使用的。你要準備示範動作；把一台自行車設定好，讓你可以用在這個練習中。

　　輔助輪也許是學習騎乘自行車的最常見方式了。這個方式的一個優點是，輔助輪會讓自行車比較穩定，自行車運動員會比較有信心。舉例來說，沒有輔助輪的自行車，停止的時候是無法直立的。運動員平衡感變好以後，輔助輪可以稍微提高一點。只是要記住，使用輔助輪的話，

在高速過彎時要比較小心。

## 基礎自行車技術

　　不同的自行車騎會士經由不同的教學方式得到最好的技術學習成效。身為教練的挑戰是，學習以最有效率的方式指導你的自行車運動員。有些人會需要多一點口語指導，有些人經由示範就可以學習。把技術拆解開來，可以簡化教學過程，也可以讓那些已經會執行某些步驟但還未能執行完整技術的運動員得到正面回饋。

## 技能進展－學習騎乘自行車

| 你的運動員可以 | 從不 | 偶爾 | 經常 |
|---|---|---|---|
| 可以輕鬆地坐在自行車上，雙腳著地，不用協助扶車 | ☐ | ☐ | ☐ |
| 藉由雙腳推地面將自行車向前移動 | ☐ | ☐ | ☐ |
| 一邊控制自行車，一邊滑行一小段 | ☐ | ☐ | ☐ |
| 了解踏板動作 | ☐ | ☐ | ☐ |
| 腳放在踏板上控制自行車的同時，滑行一小段 | ☐ | ☐ | ☐ |
| 控制自行車的同時，在輔助下踩踏騎乘一小段 | ☐ | ☐ | ☐ |
| 控制自行車的同時，在無輔助下踩踏騎乘一小段 | ☐ | ☐ | ☐ |
| 騎乘自行車時展現平衡感及控制力 | ☐ | ☐ | ☐ |
| 總計 | | | |

## 錯誤與修正－學習騎乘自行車

| 錯誤 | 修正 | 訓練參考 |
|------|------|----------|
| 運動員移動地太慢，無法保持平衡 | 在緩下坡上開始騎乘。鼓勵運動員更用力地推蹬，以便得到更多向前的動能。 | 滑行練習 |
| 運動員在向前移動的時候停止踩踏 | 在轉換到戶外前，於自行車台上練習踩踏。使用訓練台上的固定式腳踏車能有效修正這個錯誤。以口語鼓勵持續踩踏。 | 踩踏練習 |
| 運動員不想把雙腳放在踏板上 | 在運動員向前移動時，教練以身體保護運動員。教練跑在運動員旁邊，用口語鼓勵運動員把雙腳都放在踏板上。在當地健身房使用飛輪或是健身腳踏車來練習踩踏。 | 踩踏練習 |
| 運動員無法把雙腳放在踏板上 | 要確保運動員速度夠快，他／她才不會在腳踩好之前「失速」。使用站立式或是健身自行車來練習腳掌正確地從地面轉換到踏板上。 | 踩踏練習 |

# 學習騎乘自行車的練習

## 滑行練習

把自行車置於緩下坡上。運動員應該要能在沒有出發台的狀態下，舒適地乘坐在自行車上，雙腳置於地上。不使用踏板，運動員往地面推蹬，讓自行車滑行，雙腳在空中－不碰觸到地面。

## 踩踏練習

運動員坐在自行車上，把右腳放在右邊踏板，以左腳保持平衡，以左腳推蹬，向前移動自行車，同時右腳往踏板踩下去。當自行車開始向前移動時，把左腳放在左邊踏板上，同時頭要抬起且向前看。

註：如果有自行車訓練台可以用，把自行車架在上面，練習踩踏。

## 單腳踩踏練習

讓運動員一腳離開踏板，使用另一腳來做完整的踩踏。騰空腳不要碰到後輪。單腳練習應該從踩 20 下開始，然後進展到 40 下。雙腳交替練習，留心是否有一腿比較強壯或是協調性較佳。

# 上車及起跑

上車是騎乘自行車的必要技能。

## 技能進展－上車以及起跑

| 你的運動員可以 | 從不 | 偶爾 | 經常 |
|---|---|---|---|
| 站在自行車左側，雙手放在把手上，右腳舉起跨過座椅，跨坐在自行車上 | ☐ | ☐ | ☐ |
| 右腳擺在踏板上，左腳留在地面上保持平衡 | ☐ | ☐ | ☐ |
| 右側踏板轉到三點鐘方向（在有腳煞車的自行車上，踏板在上車前就要擺好位置） | ☐ | ☐ | ☐ |
| 地上的左腳推蹬讓自行車向前移動，右腳同時踩下踏板 | ☐ | ☐ | ☐ |
| 在自行車向前移動時，把他／她自己移動到座位上 | ☐ | ☐ | ☐ |
| 一邊保持平衡，一邊把左腳放到踏板上 | ☐ | ☐ | ☐ |
| 直線踩踏前進，同時視線望向移動的方向 | ☐ | ☐ | ☐ |
| 總計 | | | |

## 錯誤與修正－上車以及起跑

| 錯誤 | 修正 | 訓練參考 |
|---|---|---|
| 踏板在錯誤的位置，使得起跑困難。 | 練習在坐上自行車前把踏板轉動到正確的位置。 | 上車以及起跑的練習 |
| 運動員無法讓自己跨到座位上。 | 在這項技術學好前，試著把坐墊降低。 | |
| 運動員無法保持自行車直線前行。 | 鼓勵運動員保持視線朝前，望著想要騎乘的方向。指導運動員稍微提升速度以維持平衡以及控制力。 | |

## 上車及起跑練習

　　運動員跨坐到自行車上，把右腳放在右邊踏板，左腳推蹬，讓自行車向前移動，同時右腳踩下踏板。自行車前進的同時，運動員把他／她自己往上跨到坐墊上。當自行車開始前進時，他／她把左腳放到左踏板上，同時保持頭抬高以及向前看。運動員應該要能直線踩踏前進。

# 煞車（手煞車）

　　要跟你的運動員強調正確煞車的重要性。知道在不同的狀況下要何時開始煞車是煞車重要的層面之一。你的運動員應該要知道前剎與後剎以不同的方式讓自行車停止。在減速或是停車時，最好兩種煞車一起使用。如果只有使用後剎，自行車還是可以停止。如果只有前剎用了跟後剎一樣的力道，自行車運動員有可能會從手把上翻過去。正確的煞車需知道前後剎之間的平衡，還有把體重加在後輪，以避免「打滑」或是從把手上面翻過去。煞車的技術包括勿過度矯正、溫和地煞車以及持續踩踏時同時煞車，用煞車皮「輕拂」輪胎。

## 技能進展－煞車（手煞車）

| 你的運動員可以 | 從不 | 偶爾 | 經常 |
|---|---|---|---|
| 辨識出前後煞車桿 | ☐ | ☐ | ☐ |
| 只使用後煞車，將自行車慢慢地停止 | ☐ | ☐ | ☐ |
| 了解前剎力道過大會導致自行車不穩 | ☐ | ☐ | ☐ |
| 同時使用前後剎慢慢地停止 | ☐ | ☐ | ☐ |
| 使用後剎停車且不會打滑 | ☐ | ☐ | ☐ |
| 在預先決定好的一個地點使用前後剎從高速停止 | ☐ | ☐ | ☐ |
| 總計 | | | |

## 技能進展－煞車（腳煞車）

| 你的運動員可以 | 從不 | 偶爾 | 經常 |
|---|---|---|---|
| 知道腳煞車的運作方式 | ☐ | ☐ | ☐ |
| 知道腳煞車的自行車不可以反方向踩踏 | ☐ | ☐ | ☐ |
| 知道在踏板上施加反向壓力來煞車 | ☐ | ☐ | ☐ |
| 使用腳煞車慢慢停止 | ☐ | ☐ | ☐ |
| 在盡可能短的距離內停止且沒有打滑 | ☐ | ☐ | ☐ |
| 在預先決定好的一個地點使用煞車從高速停止 | ☐ | ☐ | ☐ |
| 總計 | | | |

## 錯誤與修正－煞車（手煞車）

| 錯誤 | 修正 | 訓練參考 |
|---|---|---|
| 運動員停車的時候，後輪因為過度依賴前剎而離地， | 運動員必須學習同時使用前後剎。運動員務必練習在要停止的時候，保持他／她的重心往後。 | 手煞車停車練習 |
| 過度依賴後煞車，導致想要停車時後輪打滑。 | 檢查煞車把手－哪個把手是作用在哪個輪子。練習前後剎一起使用，直到運動員煞車時不會讓後輪打滑。<br>檢查煞車時體重在後輪分布的狀況。 | 手煞車停車練習 |
| 運動員腳煞車踩得太用力，造成自行車打滑。 | 練習在快要停止的時候，腳煞車的力道減輕一點。 | |

# 煞車（手煞車）練習

## 手煞車停車練習

上車、朝一個練習錐騎過去、停止踩踏，同時用同等力道擠壓前後煞車的把手，直到自行車停止。

註：運動員要能夠分辨前後煞車，還有練習壓煞車把手；運動員要練習壓每個煞車：右把手啟動後剎，左把手啟動前剎。

註：如果有自行車訓練台，把自行車架在上面，練習煞車。

## 停車及下車

運動員必須能使用機械煞車系統來停下自行車，且能夠安全和正確地下車。

## 技能進展－停車及下車

| 你的運動員可以 | 從不 | 偶爾 | 經常 |
|---|---|---|---|
| 分辨還有在停止時示範煞車的使用 | ☐ | ☐ | ☐ |
| 騎乘時使用煞車來控制速度 | ☐ | ☐ | ☐ |
| 具控制力地慢慢停止 | ☐ | ☐ | ☐ |
| 完全停止的時候，雙腳放在地上，跨坐在自行車上 | ☐ | ☐ | ☐ |
| 右腿跨在坐墊上方踩踏時，把自行車稍微倒向左側 | ☐ | ☐ | ☐ |
| 站在自行車左側，雙手置於把手上 | ☐ | ☐ | ☐ |
| 總計 | | | |

## 錯誤與修正－停車及下車

| 錯誤 | 修正 | 訓練參考 |
|---|---|---|
| 運動員在自行車還沒完全停好時就下車。 | 運動員在下車前要使用煞車讓車子完全停止。 | 下車的練習 |
| 運動員試圖藉由雙腳拖地來停下自行車。 | 複習煞車的正確使用方式。 | 腳煞車停車練習 手煞車停車練習 |
| 停車前運動員沒能離開踏板（當使用無勾片的踏板或是腳勾片及狗嘴套束帶） | 練習扣進還有扣出踏板。使用訓練台來練習這個技術。 | 下車練習 |

# 停車及下車的練習

## 腳煞車停車練習

上車，往練習錐騎過去。停止踩踏，保持踏板在中間的位置（三點鐘與九點鐘方向），左踏板在前，右踏板在後。溫和地把右踏板向後向下踩，在自行車慢下來的時候，持續在腳煞車施加壓力。

在自行車停止之前，把左腳稍微從踏板移開，準備要從自行車上下來。在完全停止後，自行車倒向左側，左腳放到地面。

## 手煞車停車練習

上車，往練習錐騎過去。停止踩踏，同時用同樣的力道去擠壓煞車把手，直到自行車停止

## 下車的練習

遵循以下的煞車練習程序。完全停止以後，自行車稍微傾向左邊，左腳離開踏板，把左腳放在地上。然後運動員向前離開坐墊，上半身稍微向前，右腳往後抬，身體離開坐墊，雙手握著手把。

如果是使用卡鞋跟踏板的系統，需要額外的時間把腳掌從踏板移開或是鬆開。在停止前，要預留額外的時間，讓左腳可以從踏板離開。

## 具控制力地直線騎乘

直線騎乘是所有自行車運動員都需要的重要技術。一個自行車運動員一定要在任何狀況都能穩定騎乘，這是參與團騎前必備的技術。

### 技能進展－具控制力地直線騎乘

| 你的運動員可以 | 從不 | 偶爾 | 經常 |
|---|---|---|---|
| 以夠快的速度騎乘，確保穩定平衡 | ☐ | ☐ | ☐ |
| 以具控制力的方式騎乘，同時視線朝前，以辨識危險 | ☐ | ☐ | ☐ |
| 平行地面上的線條或是柏油路的邊緣騎乘 | ☐ | ☐ | ☐ |
| 以低速直線騎乘，同時保持平衡 | ☐ | ☐ | ☐ |
| 總計 | | | |

### 錯誤與修正－具控制力地直線騎乘

| 錯誤 | 修正 | 訓練參考 |
|---|---|---|
| 運動員無法保持直線騎乘。 | 鼓勵運動員放鬆，向想要騎去的方向往前看至少 10 公尺，且保持速度。 | 直線騎乘練習 |
| 用彎把的運動員以錯誤的方式使用手把，使得自行車不穩定。 | 在手把上嘗試不同的手部位置，直到運動員找到舒適的姿勢。 | 直線騎乘練習 |

# 具控制力地直線騎乘練習

## 直線騎乘練習

平行排兩排 5-6 個的練習錐，中間要有可以舒適騎乘的空間。當運動員做得比較自在了，增加練習錐排列的長度，縮小練習錐之間的寬度。

## 騎直線並練習看前方

使用以上的練習，但運動員要辨識出教練手中拿的色卡。

## 練習並排騎且騎直線

使用直線騎乘練習，但另外加入一排練習錐。

# 轉換方向

　　轉換方向包括轉頭或是轉舵。轉頭指的是運動員轉動手把以便改變騎乘方向的技術；這個技術只有在低速的時候才可以用。轉頭是比較基礎的技術，讓運動員可以在低速的時候轉換方向。轉舵是中階的技術，運動員要利用在座位上轉移髖部重量（或是傾斜），而不是使用手把，在較高速的時候轉換方向。

　　在三輪車上轉舵是個具挑戰性的任務。跟自行車一樣，方式是停止踩踏，把體重移往內側的踏板，盡可能把體重都移到自行車內側。三輪車後輪內側會容易離地，造成三輪車翻車。只要他／她知道急彎或是加速會導致撞車，讓運動員習慣這個內側輪胎變輕的感覺是個好主意。

## 技能進展－轉舵

| 你的運動員可以 | 從不 | 偶爾 | 經常 |
|---|---|---|---|
| 在低速時，使用手把繞過左側的障礙物 | ☐ | ☐ | ☐ |
| 在低速時，使用手把繞過右側的障礙物 | ☐ | ☐ | ☐ |
| 在低速時，使用手把繞過一連串的障礙物 | ☐ | ☐ | ☐ |
| 總計 | | | |

## 技能進展－過彎

| 你的運動員可以 | 從不 | 偶爾 | 經常 |
|---|---|---|---|
| 中等速度騎乘時，使用髖部將自行車往右傾倒，讓自行車轉向 | ☐ | ☐ | ☐ |
| 中等速度騎乘時，使用髖部將自行車往左傾倒，讓自行車轉向 | ☐ | ☐ | ☐ |
| 分辨彎道處的正確路線 | ☐ | ☐ | ☐ |
| 中等速度騎乘時，接近轉彎處時，不轉龍頭，而是一邊傾斜自行車，一邊視線望向他／她欲前進的方向 | ☐ | ☐ | ☐ |
| 了解內側踏板（右轉的話是右側踏板，左轉的話是左側踏板）一定要往上，才不會碰到柏油路面 | ☐ | ☐ | ☐ |
| 藉由內側踏板（右轉的話是右側踏板，左轉的話是左側踏板）往上且外側踏板沉沉地往下，在高速騎乘時做出急轉彎 | ☐ | ☐ | ☐ |
| 總計 | | | |

## 錯誤與修正－轉換方向

| 錯誤 | 修正 | 訓練參考 |
|---|---|---|
| 運動員撞到障礙物。 | 提醒運動員視線朝向他們／她想去的方向，而不是盯著障礙物。騎乘速度較低時，使用手把來繞過障礙物。 | 轉舵練習 |
| 中等速度騎乘時，運動員想要藉由轉龍頭而非傾斜身體來繞過障礙物。 | 複習身體稍微傾向要去的方向 v.s. 試著轉自行車龍頭這兩種方式。 | 轉舵練習 彎道練習 |
| 運動員在過彎的時候，內側踏板往下－或是運動員在轉彎時持續踩踏，造成內側踏板一路刮著路面。 | 鼓勵運動員靠近路緣的那個踏板要保持往上（外側踏板要往下） | 過彎練習 彎道練習 |
| 在過彎前輪因為路面狀況滑出去。 | 運動員在過彎要選擇正確、淨空的路線，且在彎道時滑到坐墊前方以加重前輪。 | 過彎練習 |

# 轉換方向的練習

## 轉舵練習

　　練習錐排成一圈，或是用粉筆畫一個圓圈。站在自行車左側，用雙手抓著自行車手把。逆時鐘方向繞著圓圈推自行車；站在自行車右側順時鐘重複這個練習。

　　每個方向各走幾圈後，運動員在圈圈外面上車，慢慢地朝圈圈踩踏騎乘，轉進圓圈中，兩個方向都騎乘數圈。

## 8 字練習

　　使用練習錐或是粉筆，劃出 8 字形，讓運動員沿著 8 字型的路線騎乘。

## 彎道練習

把 10 個練習錐間隔約 7 公尺排成直線。開始這個路線時,運動員在到達第一個練習錐很早之前就要以具控制力的方式騎乘於自行車上。

## 過彎練習

回到圓錐排成的圓圈。這次運動員抓著座位上面,自行車稍微向內傾斜,讓自行車沿著圓圈前進。讓運動員以不同方向作這個練習,換人練習。

找一個彎道或是用練習錐排一個彎道。運動員上車,然後以中等但具控制力的速度,內側踏板往上,抬頭往彎道看過去,往彎道騎乘過去。自行車內側的膝蓋指向彎道,運動員滑行但不踩踏。在反方向重複這個練習。

註:要運動員想著進入彎道前自行車內側的膝蓋要碰到手肘或許會很有幫助。

# 中階自行車技術

下面這組技術動作會讓自行車運動員不只是準備好要騎自行車而已。我們會把周遭的其他自行車運動員納入考量，以及騎乘地更有效率。

## 掃描

掃描不只有用，而且有時候有必要知道你後方的狀況。掃描是往兩側以及向後查看同時保持直線騎乘的能力。重要的內容包括越過左肩查看後方來車，轉換車道時向後看，以及看右側是否有人想要從內側超車。這些動作都要在維持直線騎乘的狀態下完成。自行車運動員常常會傾向把車頭拉往他們轉頭的方向。例如說，往後還往左看的時候，自行車運動員會拉左側手把，造成自行車過度偏向左側。為了避免這種情形，上半身要放鬆，雙手鬆鬆地放在手把上。當運動員想要查看其他人經過時的位置，運動員應該要從手臂下方看過去，尋找後方運動員的前輪，以及／或許看到運動員的側面，最後從手臂下方往下與往後看，從後輪看過去。

## 技能進展－掃瞄

| 你的運動員可以 | 從不 | 偶爾 | 經常 |
|---|:---:|:---:|:---:|
| 往後看且不轉動手把 | ☐ | ☐ | ☐ |
| 自行車直線騎乘時往後看 | ☐ | ☐ | ☐ |
| 辨識出後方來車 | ☐ | ☐ | ☐ |
| 監測對手跟在後面或是要超車 | ☐ | ☐ | ☐ |
| 如果運動員有自行車電腦，瞄一下然後回報當下的車速 | ☐ | ☐ | ☐ |
| 總計 | | | |

## 錯誤與修正－掃瞄

| 錯誤 | 修正 | 訓練參考 |
|---|---|---|
| 運動員想要看後方來車時自行車轉動。 | 鼓勵運動員放鬆地抓住把手，以避免運動員轉頭的時候車頭轉動。而且肩膀也不要扭動。 | 掃瞄練習 |
| 掃描來車的時候突然慢下來。 | 運動員在掃描時務必要持續踩踏以維持車速。 | 掃瞄練習 |

## 掃瞄練習

　　把練習錐（5 或 6 個）排成兩排，兩排間隔約 5 公尺，練習錐之間間隔 1 公尺。請運動員練習以中等速度騎向練習錐，且騎在練習錐的中間，練習直線騎乘幾次。當運動員可以穩定騎直線後，讓運動員以中等速度騎在練習錐中間。騎到一半時，要運動員掃描一下左邊，且判別出教練手持卡片的顏色。要練習向後掃描的話，讓運動員越過左肩向後看，辨識卡片，然後向前看，檢查自行車有沒有維持直線騎乘。運動員要說出卡片的顏色。騎乘這個路線時，練習左右輪流掃描。提示：在運動員騎過來的時候，揮舞卡片，讓他／她習慣搜尋卡片。然後，等到運動員需要往左側約 90 度的地方掃描的時候，才把卡片拿出來。最後，等到運動員已經騎過去了才秀出卡片，讓運動員需要越過他／她的肩膀掃描才看得到卡片。一開始先在健身自行車上練習。強調務必持續直線騎乘，雙手停留在手把上，而且掃描時是轉頭－而不是轉肩膀。

## 更改雙手在把手上的位置

　　為了盡可能有效率且舒適地騎乘，自行車運動員要能在騎車時改變雙手在手把上的位置。握手把的力道應保持輕柔（而不是緊握拳頭！）且放鬆。如果自行車有下位手把，控制力最好的位置是下位手把，一兩隻手指頭會擺在煞車手把上平衡。如果想騎得放鬆且輕鬆的話，自行車運動員也許會覺得把雙手放在煞車把手上方（也就是「煞變把把位」）是最舒適的。煞變把把位也是爬坡比較好的手部位置，因為胸口可以較為開闊，橫膈膜比較不會被壓縮，可以更輕易地換氣。

　　把一手放在靠近把手頂端中央（靠近龍頭），可以幫助運動員在單手騎乘時變速、打手勢、以及從水壺或供水系統喝水時維持自行車朝正中央行駛。為了能夠煞車、變速、或是長途騎乘後釋放手部壓力，自行車運動員需要改變雙手在手把上的位置。

　　運動員應培養在不失去自行車控制的前提下，頻繁且舒適地更換手部位置的能力。使用「轉舵」的方式來操作自行車，使用髖部而非手把，對於學習這項技術非常有幫助。為了能做到這些，運動員要把更多的身體重量放在坐墊而非放在手把。

## 技能進展－更改雙手在把手上的位置

| 你的運動員可以 | 從不 | 偶爾 | 經常 |
|---|---|---|---|
| 在車子不轉動的狀態下，把手從手把最遠端的位置，移到最中間的把手上 | ☐ | ☐ | ☐ |
| 在車子不轉動且沒有失去控制的狀態下，把雙手從下把把位移到上把把位 | ☐ | ☐ | ☐ |
| 把一隻手移到靠近龍頭的中央處，另一隻手碰觸水瓶 | ☐ | ☐ | ☐ |
| 在不失去控制的狀態下，把一隻手移到靠近龍頭的中央處，做出轉彎指示手勢或是對教練揮手 | ☐ | ☐ | ☐ |
| 僅藉由指尖放在手把上來控制自行車（不是手掌放在上面） | ☐ | ☐ | ☐ |
| 一手把指尖放在手把上來控制自行車，另一手對教練揮手 | ☐ | ☐ | ☐ |
| 總計 | | | |

## 錯誤與修正－更改雙手位置

| 錯誤 | 修正 | 訓練參考 |
|---|---|---|
| 運動員扭動身體且自行車行駛路徑紊亂。 | 鼓勵運動員持續放鬆地握著手把，而且要把身體重量從自行車前方移到坐墊。 | |
| 運動員不敢讓手離開手把。 | 漸漸導入「輕拍」的技術。<br>運動員要把他／她的體重移到坐墊，而不是讓手把承受大部分的重量，這是非常重要的。 | 輕拍練習 |

# 手部位置的練習

## 輕拍練習

請運動員把雙手移到手把頂端，朝中間移到靠近龍頭的地方，身體重量移到坐墊。他／她要在自行車上坐直。讓運動員把慣用手從手把上移開，然後迅速地放回去。漸漸地拉長時間間隔。以像在輕拍手把那樣開始，然後增加手離開手把的時間，增加運動員的信心以及安全感。

## 單手練習

當運動員比較有安全感了，你可以帶入更多練習，例如觸碰水瓶，揮手以及觸碰安全帽。接著用非慣用手來打手勢。做這些練習時，位於手把上的手要放在靠近龍頭的中央處。

註：要提高難度的話，練習不看水壺，然後把水壺從水壺架拿出來，再把水壺放回去（這比拿出來更難）

## 指尖練習

這個練習有個更進階的版本是，讓運動員只把指尖放在手把上。從手把頂端開始（要增加難度的話，可以放在下把把位）。然後在技術與自信增加後，減少碰觸把手的手指數量。

## 從水壺或水袋（CamelBak®）喝水

運動時保持充足水分是很重要的，所以騎乘時喝水是一種關鍵的技術。在自行車上建議的兩種喝水方式是從水壺喝水以及從供水系統喝水。水壺是很淺顯易懂的方式，攜帶方式是將水壺置於自行車架的水壺架上。供水系統是背包式的儲水設備，水袋吸管會伸到運動員嘴邊。

## 技能進展－從水壺或水袋（**CamelBak®**）喝水

| 你的運動員可以 | 從不 | 偶爾 | 經常 |
|---|---|---|---|
| 安全地以單手置於把手上持續控制自行車 | ☐ | ☐ | ☐ |
| 視線從路上移開，保持自行車直線騎乘 | ☐ | ☐ | ☐ |
| 安全地喝水以及把水壺放回去 | ☐ | ☐ | ☐ |
| 總計 | | | |

## 錯誤與修正－從水壺或水袋（**CamelBak®**）喝水

| 錯誤 | 修正 |
|---|---|
| 運動員搜尋水壺時，自行車改變了方向。 | 讓運動員在視線不離開路面的前提下感覺水壺的位置。 |
| 運動員在喝水的過程中無法把自行車控制住。 | 讓運動員都從供水系統位於嘴巴附近的水袋吸管喝水。 |
| 運動員把水壺放回去的時候，自行車方向改變。 | 要運動員以感覺去尋找水壺，視線不離開路面。 |

## 從水壺或水袋（CamelBak®）喝水的練習

　　首先，運動員跨過靜止的自行車，要運動員在不盯著自行車的狀態下，把水壺拿出來，喝水壺中的水。再來，運動員一手放在把手上，一手向你揮手。運動員必須能夠僅用單手操控自行車長達三十秒。龍頭附近是單手操作自行車最穩定的位置。接著，要運動員在直線騎乘時，把水壺取出來然後喝水壺中的水。

　　使用 CamelBak 水袋的話，要把手從手把移開一下，把水袋吸管放到口中。讓運動員騎乘時練習用其中一隻手的食指碰觸鼻子；這個技術熟練後，他／她可以練習在騎乘時把水袋吸管放到嘴巴裡面。

## 變速

　　變速是運動員調整齒輪以騎乘還有征服各種地形的過程。舉例來說，如果爬坡時使用高速齒輪（例如，前輪鏈條在大的輪盤上，後輪鏈條在小的飛輪上），爬坡的阻力會非常巨大，讓我們可能無法順利到達頂端。解決方法是在爬坡前轉換成較低速的齒輪（例如，把前輪鏈條移到較小的齒盤，以及／或是後方鏈條移到較大的飛輪上）。

　　與運動員一起找出最舒適的踏頻。然後要運動員記住這個踏頻感覺起來是怎樣（也許使用自行車電腦來協助），然後教他／她在地形改變時，使用變速以維持那個踏頻。如果踩踏過快，就讓運動員轉換到阻力較高的齒輪；如果踩踏太費力或是太慢，更改成輕鬆一點的齒輪。接近坡道時，運動員記得要預見路況改變，在需要變速前就要變速，且在變速的過程中要持續踩踏。不要在變速時滑行。

## 技能進展－變速

| 你的運動員可以 | 從不 | 偶爾 | 經常 |
|---|:---:|:---:|:---:|
| 了解變速系統的運作 | ☐ | ☐ | ☐ |
| 使用右變速器來控制後撥鏈器 | ☐ | ☐ | ☐ |
| 知道右（後）變速器控制多少齒輪 | ☐ | ☐ | ☐ |
| 使用右（後）變數器把最低（最輕鬆）的齒輪轉換成最高（最困難）的齒輪，然後把最高（最困難）的齒輪變成最低（最容易）的齒輪。 | ☐ | ☐ | ☐ |
| 使用左變速器來控制前撥鏈器 | ☐ | ☐ | ☐ |
| 知道左（前）變速器控制多少齒輪 | ☐ | ☐ | ☐ |
| 使用左（前）變數器把最低（最輕鬆）的齒輪轉換成最高（最困難）的齒輪，然後把最高（最困難）的齒輪變成最低（最容易）的齒輪。 | ☐ | ☐ | ☐ |
| 了解最低的齒論可以讓你踩得更快，而最高的齒輪會讓你踩得更慢 | ☐ | ☐ | ☐ |
| 展示針對地形或是狀況選擇正確齒輪的能力 | ☐ | ☐ | ☐ |
| 在視線不離開路面的狀況下變速 | ☐ | ☐ | ☐ |
| 總計 | | | |

## 錯誤與修正－變速

| 錯誤 | 修正 | 訓練參考 |
|---|---|---|
| 在更換齒輪時運動員停止踩踏。 | 更換齒輪時,運動員需持續踩踏。教運動員「輕踩」或是不以太大的力道移動踏板。 | 變速練習 |
| 即使碰到路況改變,運動員還是不改變齒輪。 | 騎在運動員身邊時,複習正確選擇齒輪的知識。 | 爬坡／下坡的練習 |
| 變速時運動員盯著變速器。 | 鼓勵運動員看著他／她要行駛的方向,而非在變速時往下看。 | 變速練習 |
| 運動員在爬上坡時踩得太慢且吃力。 | 鼓勵運動員面對地形的改變,準備好變化齒輪。 | 變速練習 |
| 運動員使用了太輕的齒輪,導致失控地快速踩踏。 | 騎在運動員旁邊,協助他／她了解地形的改變以及在遇見改變時變速。 | |
| 因為變速錯誤讓齒輪沒有正常運作(撥鏈器發出過多聲響,鏈條掉出來)。 | 複習正確選擇齒輪以及變速的技巧,看齒輪是因為機械因素還是人為因素而故障。複習使用極端的齒輪組時,如何「輕拂」撥鏈器,因為這些狀況下,鏈條可能會變成「交叉鍊」。 | |

## 變速練習

使用健身自行車，要求運動員練習變速。鼓勵運動員向前看，而非往下方盯著齒輪，以維持騎乘在道路時的直線行進。讓運動員用感覺來分辨哪個齒輪比較好踩，哪種齒輪比較費力，而不是用看的來辨別。要運動員在變速的時候保持穩定踏頻，要強調齒輪會影響踩踏的難易程度。

上路練習時，找一個有平路也有坡道的路線。騎乘在運動員旁邊，要運動員照著地形而選擇適當的齒輪。在路況改變時，藉由改變齒輪，鼓勵運動員全程保持舒適的踏頻（通常是 70-80rpm's）。

## 控制踏頻

　　因為踩踏是讓自行車移動的主要方式，了解踏頻是非常重要的。踏頻是每分鐘的轉動曲柄的踩踏圈數。經由變速，我們得以維持最佳的踏頻。理想的踏頻因個人風格會稍微不同，但一般的理想踏頻約為 90。也就是說，1 分鐘踩踏 90 圈。

## 技能進展－控制踏頻

| 你的運動員可以 | 從不 | 偶爾 | 經常 |
|---|---|---|---|
| 知道他們正維持的踏頻約是多少 | ☐ | ☐ | ☐ |
| 以 80-100rpm's 的推薦範圍於平坦路面騎乘自行車 | ☐ | ☐ | ☐ |
| 在爬坡時正確變速以維持適當踏頻（爬坡的推薦範圍 60-80rpm's） | ☐ | ☐ | ☐ |
| 總計 | | | |

## 錯誤與修正－控制踏頻

| 錯誤 | 修正 | 訓練參考 |
|---|---|---|
| 在微風吹拂的平坦道路上，運動員踩踏頻率低於 80rpm's。 | 要運動員在低速齒輪盡可能快速踩踏（踩到 160rpm's），感覺一下輪子快速轉動的樣子。 | 控制踏頻的練習 |
| 運動員使用過於低速的齒輪騎乘，迫使運動員需要瘋狂地踩踏 | 指導運動員使用在前輪大的齒盤，以降低使用低速齒輪的可能性。 | 控制踏頻的練習 |
| 運動員對於踏頻（踩踏速度）沒有概念 | 計算運動員在 6 秒鐘的時間內車輪轉動的圈數，乘以 10，告知運動員這個數字。應該要在 80-100 之間。 | 控制踏頻的練習 |

## 控制踏頻練習

　　讓運動員用自行車上最大的齒輪盡可能高速踩踏，練習較低範圍的踏頻。這個組合是前面使用最大的齒盤，後面用最小的齒輪。應練習完整踩踏 40 下，且要在平坦的道路上執行。

　　要運動員以最高踏頻踩踏，練習較高範圍的踏頻。在下坡路段，讓運動員選擇非常低速（輕鬆）的齒輪，這樣曲柄上就不會有阻力，看看在 6 秒內，最多可以踩幾圈。踏頻目標在 160-200 之間。

# 爬坡

　　齒輪的選擇是爬坡很重要的一部分；因此，了解變速的技術是很必要的。運動員也應該要培養他／她個人爬坡的方式或是姿勢。兩種常見的方式是坐姿以及站姿。爬坡時最有效率的手部位置是放在煞變把上面方便控制；這在爬坡時可以敞開胸廓，讓橫膈膜減壓，方便呼吸。腳跟沉到踏板底部可以在爬坡時產生更多力量。身體的重量應該要在車子後方，位於坐墊上（不管運動員是坐在坐墊還是離開座位），且運動員應該要能在爬坡時控制變速系統。

　　變速會讓爬坡成功也可能讓爬坡失敗。為了爬坡，運動員最好要調整踏板施加的力道或是踩踏的頻率。這可以經由更換齒輪或是在踏板上踩更大力來達成。如果運動員身體沒有很強壯，他／她可能需要選擇輕一點的齒輪。在這種狀況中，速度會變慢，但是實際的能量輸出會減少，在坡道上的時間會增加。如果運動員身體很強壯，他／她也許可以較不常更換齒輪，而是藉著增加踏板上的力道來提升踏頻。這是爬坡最快的方式，但也是消耗最多體力的。

　　運動員需要確保爬到山坡頂端的時候不會為了休息而停止踩踏。一旦運動員來到山坡頂端，應增加踏頻，且運動員應該變速成較高速的齒輪，以完成攻頂。一般也建議不要沿著山坡另一側滑行下去，因為這可能會使得爬坡時產生的乳酸「淤積」起來。即使沒有阻力，雙腿還是要

不停移動；這個動作讓肌肉把乳酸「打」出去。

　　對於某些運動員來說，爬坡時離開坐墊幾乎就像是額外的變速一樣。但除非他們有受到良好訓練，很多人在 30-45 秒後就會疲乏。如果他們真的選擇離開坐墊騎乘，臀部須保持在坐墊附近，而不是前方。驅動車輛的輪子是後輪，而摩擦力要盡可能地施加在後輪。如果在爬坡時運動員坐回坐墊上，務必緩緩地回到座位，而非「撲通」一聲地坐下去，因為這會造成自行車在坡道上往後晃動，可能會撞到後方緊跟隨的運動員前輪。

## 技能進展－爬坡

| 你的運動員可以 | 從不 | 偶爾 | 經常 |
|---|:---:|:---:|:---:|
| 知道他們正接近一個上坡 | ☐ | ☐ | ☐ |
| 預期爬坡會帶來額外的阻力，且適當地調整齒輪 | ☐ | ☐ | ☐ |
| 爬坡時維持坐姿，同時保持踩踏速度（踏頻） | ☐ | ☐ | ☐ |
| 藉由離開坐墊且把身體重量的力量放到踩踏中來爬坡 | ☐ | ☐ | ☐ |
| 在兩種方式之間交替（坐姿以及站姿）且知道在不同的狀況下使用哪種方式最好 | ☐ | ☐ | ☐ |
| 爬坡時正確地變速 | ☐ | ☐ | ☐ |
| 總計 | | | |

## 技能進展－爬坡

| 錯誤 | 修正 | 訓練參考 |
|---|---|---|
| 即使是碰到山坡，運動員還是沒有更換齒輪。 | 提醒運動員要使用可用的齒輪，以維持踩踏速度，減少阻力。 | 爬坡練習 |
| 運動員無法從坐姿轉移到站姿。 | 在從坐墊站起身之前，運動員應有能力在爬坡時選擇適當的齒輪。 | 爬坡練習 |
| 運動員在山坡上扭動自行車 | 要運動員往坡道上方看過去，而非看向正前方。另外也要檢查齒輪以及踏頻。 | |
| 運動員離開坐墊時前後擺動自行車。 | 提醒運動員，這看起來可能很華麗，但這樣做沒有效率且浪費體力。要運動員練習把自行車從往下踩的踏板中由把手將自行車往上拉起來。 | 爬坡練習 |

## 爬坡練習

　　最好是在一個坡度中等的山坡練習，大約花 30 秒以中等速度爬上去。爬坡的時候，建議教練騎在運動員身邊。充分暖身後，運動員應該要接近山坡，練習在坡度增加時，藉著選擇正確的齒輪以保持適當的踏頻。運動員要練習以坐姿爬坡，也要練習離開坐墊站著爬坡。在長一點的坡道，可以使用坐姿及站姿的組合。在這個練習中，教練騎乘在運動員旁邊，鼓勵運動員使用正確齒輪以及踏頻，還有鼓勵運動員保持放鬆。如果運動員不習慣以站姿騎乘，先在健身自行車上面練習。運動員應該要能在坡度增加的時候正確地「準備好高速齒輪」。教練也可以用旗子、練習錐或是粉筆標示關鍵的變速區，以提醒運動員要變速。

# 穩定速度騎乘

　　穩定騎乘對於保留體力還有團體騎乘最為重要。要保持穩定節奏／踏頻的話，你可以讓運動員計算踩踏次數或是使用電腦。一定要提醒運動員勿滑行也勿用力煞車。教導運動員輕柔踩踏且輕夾煞車皮以調整速度。

## 技能進展－穩定速度騎乘

| 你的運動員可以 | 從不 | 偶爾 | 經常 |
|---|---|---|---|
| 在不同的地形使用正確的齒輪，維持穩定速度 | ☐ | ☐ | ☐ |
| 配合其他運動員調整速度 | ☐ | ☐ | ☐ |
| 保持穩定速度，與其他運動員單列騎乘 | ☐ | ☐ | ☐ |
| 總計 | | | |

## 錯誤與修正－穩定速度騎乘

| 錯誤 | 修正 | 訓練參考 |
|---|---|---|
| 運動員因為沒有預期路況會改變，也沒有選擇適當的齒輪，導致無法維持穩定速度。 | 複習正確選擇齒輪的方法。騎乘在運動員旁邊，以口語指導如何正確選擇齒輪。 | 穩定速度騎乘的練習 |
| 運動員無法自在地騎在其他人旁邊或是附近。 | 騎在運動員旁邊，然後逐漸靠近他／她。 | 穩定速度騎乘的練習 |

## 穩定速度騎乘練習

　　充足熱身後，找一個相對平坦的路線。跟運動員一同騎乘，其在後方或是旁邊，鼓勵運動員加速至他／她覺得可以維持幾分鐘的速度。用一個自行車電腦來監測運動員的速度，指導運動員加速或是減速以維持穩定車速。引導運動員更換齒輪以維持踏頻。如果他／她無法維持穩定速度 3 分鐘，調降運動員的速度。嘗試這個練習 3-4 次，中間要有充分的休息。依訓練狀況，慢慢增加穩定速度騎乘的訓練時間。

# 擋風

擋風是騎乘道路最節省能量的方式。騎在其他運動員的滑流裡面會降低空氣摩擦力以及保留約三成的體力。要達到這個目的的話，運動員必須學會與其他運動員緊密騎乘。另外，擋風的直接好處與運動員的車速以及風向有關。運動員騎得愈快，擋風的好處愈大。風愈強，擋風的效益愈高。

擋風區背後的邏輯是，前方運動員為後方的運動員「破風」，製造出「氣穴」，減少後方運動員三成的風阻。騎乘在他人的滑流或是擋風區裡面是非常大的優勢。但是騎在這個區域需要一些技術以及信心。

首先，運動員要能自在地騎在他人後方，不撞到輪子也不與他人輪子交疊在一起。運動員也要能非常清楚他／她與其他運動員的相對體型。通常初學者不太能輕鬆地騎在其他運動員旁邊，所以「舒適圈」很大，這樣會讓其他人無法進去他們的「空間」。教練需要協助這些運動員放鬆，且讓運動員對他們自己及其他運動員的技術有信心。大部分的人都需要時間達成，但你可以規劃幾個自行車遊戲，幫助他們開始放鬆。

指導如何擋風時要專注的幾項事情：

- 不要盯著前方車輛的輪子。越過運動員看過去，看到他們前方的道路，要能預見到路況改變及障礙物。
- 不要讓輪子交疊在一起。最佳的擋風效果是，與其他人的輪子保持 5 公分至輪子直徑一半的距離。
- 當你需要慢下來的時候，輕拂煞車皮。騎乘時右手靠在

煞車把手上。

- 教導如何感受風吹的方向，以及如何決定你要在前方車輛輪子的左側還是右側。

- 騎乘時的改變都要漸進式地執行。慢慢地加速、逐漸煞車且逐漸轉彎。不要突然做任何事情。

## 輪車及擋風

　　輪車的意思是運動員跟在另一位運動員後方。輪車也可以用在兩兩並排的緊密騎乘團體。一般來說，運動員輪流領騎，讓所有運動員分攤負荷。輪車的目的除了保持團體秩序以外，也提供後方運動員掩護或是擋風。藉由緊緊跟隨前方運動員，擋風這個技術會讓運動員省下高達三成的體能。

## 技能進展－輪車以及擋風

| 你的運動員可以 | 從不 | 偶爾 | 經常 |
|---|---|---|---|
| 盡可能靠近前方運動員安全地騎乘 | ☐ | ☐ | ☐ |
| 舒適地在擋風者後面騎乘 | ☐ | ☐ | ☐ |
| 輪流領導輪車隊伍 | ☐ | ☐ | ☐ |
| 藉由離開路線而離開輪車隊伍（離開前排） | ☐ | ☐ | ☐ |
| 保持適當的速度，排到隊伍後方 | ☐ | ☐ | ☐ |
| 總計 | | | |

## 錯誤與修正－輪車以及擋風

| 錯誤 | 修正 | 訓練參考 |
|---|---|---|
| 運動員沒有緊跟著領車運動員的擋風。 | 在草地上，要運動員以大圓圈的路線騎乘，盡可能緊跟著領車運動員。 | |
| 運動員在左車列有留下空隙（半台到一台自行車的長度）。 | 磨練舒適圈。 | 一對一練習且照著做各種練習。 |
| 運動員撞到前方運動員然後跌倒。 | 繼續在草地上練習，要運動員練習稍微撞到前方運動員的後輪。 | 後方的運動員一定要用前輪碰到領騎者的後輪，但身體重量要遠離它，以保持平衡。 |
| 運動員一直錯過從後方過渡到前進列的時機。 | 要運動員注意前進列。他們也有可能在休息列騎得太慢，太難彌補距離的差異。 | 掃描練習<br>踏頻練習 |
| 領車運動員太靠近路緣，後方運動員無法舒適地騎在擋風區中。 | 與領車運動員兩兩騎乘（教練在內側），引導運動員騎到正確的位置。 | |
| 輪車發生「手風琴效應」。 | 運動員前進然後煞車。 | 踏頻練習<br>輕拂煞車 |

# 輪車及擋風練習

## 單列開放式輪車練習

4-6 位運動員以直線排列，盡可能該組中速度最慢的運動員能夠維持的速度，高速騎乘，每人輪流騎在前方一分鐘。在運動員結束領騎後，他們要移到一側，讓車隊通過。接著運動員應該要跟在車列最後一個運動員後面。保持車速穩定，車隊要維持團體行動。

## 封閉式輪替輪車練習

車隊以兩列騎乘，一列比另外一列稍微更快一點。高速列的領騎者完全在慢速列的領騎者的前方時，領騎者應該要移到慢速列（的前面），開始放慢速度，直到他／她變成慢速列最後一位運動員。在這個時刻，他／她移到快速列的後面，繼續在車隊中輪替。位於左側的車列是前進列。位於右側的車列是休息列。當運動員在左車列（前進列）的前面通過右車列（休息列）的前頭時，超車過去的運動員要從右手臂下面看過去，確認他／她已超過剛剛經過的運動員前輪。接著超車的運動員應該要一路踩踏（而非滑行）到右邊，然後開始「輕踩」或是在踩踏時減少力道。輕柔地踩幾下應該會幫助運動員把他／她的速度調整成休息列的車速。

在休息列後面時，運動員應該要尋找右車列最後一位運動員然後超越他們。在這個時刻，他們要準備在兩個車列中漸漸加速，移動到前進列，跟上他們的速度，不留下空隙。

## 團體騎乘

　　團體騎乘是自行車運動獨特的地方。團體騎乘比單獨騎乘多出很多優點，例如革命情感、掩護、配速、方向以及在某些狀況下的安全性。為了盡可能地提高效率，運動員們必須能夠維持團體行動。所以，所有的改變都要慢慢來，且溝通非常重要。所有的加速、轉向，還有停止，都要漸進執行。團體前端的運動員要維持一致的車速，不要突然加速或是減速。團體前面的運動員務必跟其他成員溝通他們觀察到的情形，例如路面的坑洞、朝向他們跑過來的狗，或是要經過或是在他們前面轉彎的汽車。後方的運動員可能會被要求提醒車隊後方有來車出現。團體中的每個人都要盡可能避免煞車；然而，如果他們需要煞車的話，它們應該逐漸地調整他們的速度。驟然停止或是改變行車方向，可能會導致連鎖反應，最後造成摔車。如果彼此拉開了，運動員要慢慢地拉近距離，而不是猛然地追上去，不然後方的運動員會被迫要花更多力氣才能跟上。

## 技能進展－團體騎乘

| 你的運動員可以 | 從不 | 偶爾 | 經常 |
|---|---|---|---|
| 以單一列騎乘，在草地上緊緊跟隨彼此 | ☐ | ☐ | ☐ |
| 在草地上，盡可能兩兩並排騎乘 | ☐ | ☐ | ☐ |
| 在草地上，練習三人並排騎乘，盡可能地靠近，交換位置 | ☐ | ☐ | ☐ |
| 在柏油路上執行相同的技巧 | ☐ | ☐ | ☐ |
| 總計 | | | |

## 錯誤與修正－團體騎乘

| 錯誤 | 修正 | 訓練參考 |
|---|---|---|
| 運動員無法維持穩定車速。 | 兩兩騎乘，騎在運動員旁邊，要他／她跟上你的速度。 | |
| 試著兩兩騎乘時，運動員之間的距離太大。 | 在草地上，要運動員兩兩騎乘，彼此手肘貼著。運動員騎在彼此旁邊時，手肘要保持放鬆且鬆弛。 | 不要碰到彼此的手把。 |

# 團體騎乘練習

## 陸上練習

　　讓運動員站立排成一列。解釋擋風的概念，說明領車運動員向前騎乘時最為費力，因為他／她是在「破風」，且指出前方的運動員都會幫每個人運動員「擋風」。要求排在第一位的運動員站到左側，然後叫第二位運動員往前站，成為領車的運動員。這個練習可以幫助運動員了解什麼是「單列輪車」。然後，要運動員站到他們的自行車右方，雙手放在手把上。將運動員排成一列，重複單列輪車的過程，說明如果運動員們的自行車愈靠近彼此的話，每個運動員會可以得到更多擋風。

## 單列輪車道路技術

　　在足夠的熱身後，指導運動員在騎乘時排成一列。鼓勵領車的運動員以穩定的速度騎乘，讓所有運動員可以加入單一的輪車行列。要求每個運動員在車列前頭輪流 30 秒（拉速度）。教練騎在輪車列的旁邊，量測每個運動員輪到前頭的時間。拉速度 30 秒以後，帶頭的運動員稍微移到輪車隊伍的右側，讓第二位運動員可以接下領車的角色。騎在輪車隊伍右側時，運動員一定要騎得比隊伍稍微慢一點，讓下一位運動員可以接著領車。教練要更改「拉速度」的時間，讓運動員可以練習在更長或是更短的時間中維持穩定速度。

　　註：在學習這個技術時，運動員最好往右方移出，比較不會失誤。如果初學者往左邊移出去，他們常常會騎得太靠近道路中間，這個位置很危險。

# 高階自行車技術

## 騎經路面改變／跳上路緣

　　這個部分的主要目標是教導運動員在移動時移到前輪或是後輪。這個技術對於安全騎經大的路面凹陷（無法閃避的凹洞）、騎到不同高度的柏油路、以及在需要時騎到人行道上面時，是必須的。

### 技能進展－騎／跳上路緣

| 你的運動員可以 | 從不 | 偶爾 | 經常 |
|---|---|---|---|
| 在滑行時，站在踏板上，稍微把前輪移離地面 | ☐ | ☐ | ☐ |
| 在滑行時，站在踏板上，稍微把後輪移離地面 | ☐ | ☐ | ☐ |
| 總計 | | | |

### 錯誤與修正－騎／跳上路緣

| 錯誤 | 修正 |
|---|---|
| 前輪的前緣撞到障礙物然後停止。 | 運動員要配合路面高度的改變，衡量抬起自行車的時間。 |
| 前輪順暢地往上移到新的路面，但後輪撞到障礙物邊緣。 | 前輪移到新的路面後，運動員務必把他／她大部分的體重施加於前輪。 |

## 騎／跳上路緣練習

　　這個技術需要把體重從一個車輪完全移到另一個車輪。第一步是把前輪移離地面,「表演一下特技」。就初學者來說,這指的是前輪剛好離開地面而已。下一步是藉由把手把往下推,以及身體重量離開坐墊,稍微把車身拉起來,把重量從後輪移開。

　　路上擺一個直徑 2.5 公分的竿子,叫運動員試著越過去且輪子不碰到竿子。逐漸增加障礙物的尺寸,直到運動員能夠平順地騎上 15-20 公分的路緣。

# 競賽技術

## 起跑

### 以單腳在地面起跑

　　這個技術在每次騎自行車的時候都會用到。有能力在起跑時、交通號誌變成綠燈時、或是被一條大狗追逐的時候，迅速且有效地執行這個技術是很重要的。

#### 技能進展－以單腳在地面起跑

| 你的運動員可以 | 從不 | 偶爾 | 經常 |
|---|---|---|---|
| 選擇正確的齒輪（在多齒輪的自行車上），確保可以快速加速離開車列 | ☐ | ☐ | ☐ |
| 在起跑線時跨坐在自行車上，前輪的前方邊緣置於起跑線上 | ☐ | ☐ | ☐ |
| 左腳離地時，把右腳放在踏板上，保持平衡 | ☐ | ☐ | ☐ |
| 把右腳踏板往後轉到一點鐘或兩點鐘的位置 | ☐ | ☐ | ☐ |
| 遵從鳴槍者的指令 | ☐ | ☐ | ☐ |
| 藉由左腳往地面推蹬往前推進，同時踩下右腳踏板 | ☐ | ☐ | ☐ |
| 自行車往前移動時，把他／她自己移到自行車坐墊上 | ☐ | ☐ | ☐ |
| 把左腳穩穩放在踏板上，同時保持平衡 | ☐ | ☐ | ☐ |
| 往前方踩踏，直線騎乘，同時視線望向他／她想去的地方 | ☐ | ☐ | ☐ |
| 總計 | | | |

## 錯誤與修正－以單腳在地面起跑

| 錯誤 | 修正 | 訓練參考 |
|---|---|---|
| 運動員需要朝下方查看雙腳在踏板上的位置，導致起跑時攤車轉動。 | 運動員務必要能根據已經踩好的踏板位置來找到第二個踏板的位置。 | 以單腳在地面起跑的練習 |
| 使用無勾片踏板的運動員無法在踩好踏板時保持平衡。 | 運動員要先以上方的踏板加速好，然後在平衡好的時候踩穩踏板 | 以單腳在地面起跑的練習 |

## 以單腳在地面起跑練習

讓 3-8 位運動員在路上排成一橫排，一腳在地上，一腳在踏板一點鐘或兩點鐘的方向（在頂端中間旁邊一點）。讓運動員聽到「Go」的指令時推蹬著地腳，推地腳放到踏板上，以具控制力的直線騎乘 100 公尺。這個練習以及起跑時的齒輪應該要是低速的齒輪（42x18 齒），或是一般自行車上大齒盤配中的鉗齒輪。

## 雙腳在踏板上，在計時賽中扶車起跑

計時賽起跑時如果有扶車者協助，會讓運動員可以快速地駛離起跑線，因為起跑時雙腳都在踏板上了。

三輪車計時賽的起跑是特定訓練會有幫助的定一個領域。最好的彌補方式是有效率地使用多變速自行車上的齒輪，或是使用配備有相對較低速齒輪的單速自行車。最有效率的短程計時賽會在路線中變速2-3次。有很多方式可以幫助運動員得知何時變速；最簡單的方法也許是要運動員計算右腳來到踩踏頂端的次數。達到特定次數的踩踏後，就該往上變速一格了。另外一個方式也許是使用路線上面的電線桿或是路標；每一或兩個電線桿時，就該變速。當然這全都與運動員的踏頻有關，最後你的運動員會開始感覺到他們以最有效率的速度踩踏著。

## 技能進展－雙腳在踏板上，扶車起跑

| 你的運動員可以 | 從不 | 偶爾 | 經常 |
|---|:---:|:---:|:---:|
| 選擇適當的齒輪（在多齒輪的自行車上），確保能快速加速離開車列 | ☐ | ☐ | ☐ |
| 在起跑車道上時，跨坐在自行車上，前輪的前緣置於起跑線上 | ☐ | ☐ | ☐ |
| 理解並能自在地讓扶車者握住坐墊（持車的人會站在運動員後方，跨在自行車的後輪） | ☐ | ☐ | ☐ |
| 能與扶車者溝通在起跑時的姿勢舒適度以及平衡度 | ☐ | ☐ | ☐ |
| 在自行車被握住的狀態下，把他／她移到坐墊上 | ☐ | ☐ | ☐ |
| 把左腳放在踏板上 | ☐ | ☐ | ☐ |
| 把右腳放在踏板上，把踏板往迴轉道一點鐘或兩點鐘的位置 | ☐ | ☐ | ☐ |
| 遵循鳴槍者的指令 | ☐ | ☐ | ☐ |
| 在「Go」的指令時前方腳（右腳）施力 | ☐ | ☐ | ☐ |
| 往前直線騎乘，同時往上且往前看往他／她要去的地方 | ☐ | ☐ | ☐ |
| 總計 | | | |

## 錯誤與修正－雙腳在踏板上，扶車起跑

| 錯誤 | 修正 | 訓練參考 |
|---|---|---|
| 扶車者放開自行車運動員的時候，騎士掙扎地騎出去。 | 運動員應該要用較低速（輕鬆）的齒輪。 | 練習一 |
| 運動員試著提早出發，因此沒準備好在「Go」的指令時起跑。 | 運動員要等到被放開且被告知「Go」的的時候才出發。 | 練習一 |
| 運動員「僵」住且幾乎要跌倒了。 | 「Go」的指令出現且扶車者放手時，運動員還沒有準備好。自行車運動員要練習抓好時間以及聽從指令。 | 練習一 |
| 剛起跑後運動員誇張地轉來轉去。 | 運動員拉起其中一邊的手把時太用力了。應該要像是穿靴子那樣，把兩邊的手把同時平均地拉起來。 | 練習二 |

# 雙腳在踏板上，扶車起跑的練習

## 練習一

在運動員來到練習區的起點時，運動員要看著齒輪，然後藉著他人協助，把自行車變速到正確的起始齒輪；通常是後輪比最大的齒輪小一到兩格的齒輪，以及前輪最大的那圈齒輪。運動員練習時，教練從後方扶著運動員，另外一個教練倒數五秒。運動員雙手放在下把把位上（如果他們有下把的話）；右踏板的位置比左踏板高五公分。運動員向上且向前看，雙腳卡鞋扣入踏板（如果沒有勾片的話，放在踏板上）。倒數到二的時候，運動員站起身，髖部在坐墊正上方，而非坐墊前方；數到Go的時候，運動員平均地把手把拉起來，同時右腳踩下，左腳拉起。運動員持續離開坐墊加速，直到加速至需要變速的程度；然後運動員逐漸回到坐墊上坐好。在坐墊上騎乘時，運動員也許需要練習變速至更費力的齒輪。

## 練習二

運動員能自在地起跑後，練習保持在兩排10個練習錐的中間，練習起跑後直線騎乘。

## 路寬，計時賽折返點

　　很多個人計時賽都是在來回折返的路線上舉辦，所以需要在半路轉 180 度的彎，反轉騎乘的方向。安全執行這種轉彎的速度與路寬以及運動員的技術程度有關。

### 技能進展－路寬，計時賽折返點

| 你的運動員可以 | 從不 | 偶爾 | 經常 |
|---|:---:|:---:|:---:|
| 滑入轉彎區域，呼吸，然後去控制力地轉 180 度 | ☐ | ☐ | ☐ |
| 盡可能地保持速度直到最後一刻，用力煞車然後轉彎 | ☐ | ☐ | ☐ |
| 執行以上這些技術，同時選擇正確的齒輪，加速離開彎道 | ☐ | ☐ | ☐ |
| 總計 | | | |

### 錯誤與修正－路寬，計時賽折返點

| 錯誤 | 修正 | 訓練參考 |
|---|---|---|
| 運動員最後在超出彎道的外側。 | 煞車應該要用得更多而且以較低的速度轉彎。 | 8 字形練習 |
| 運動員在接近彎道的時候後輪打滑。 | 運動員應該要早一點停止踩踏，且開始平均地用兩個煞車來煞車。觀察體重分布的情形；運動員可能把太多體重置於前方，太少體重壓在轉動的輪子上。 | 練習一 |
| 運動員在過彎時花去很多時間。 | 在急轉彎時，運動員需能有信心地把自行車向內傾斜，也要有信心在過彎後跳躍／加速。 | |

# 路寬，計時賽折返點練習

## 練習一

　　找一段至少 500 公尺長的筆直道路。在兩端各放一個練習錐，每個練習錐站一個工作人員。讓運動員往練習錐騎過去，慢下來然後幾乎停止，然後繞過練習錐（運動員第一次練習這個練習時，應該要慢慢地往練習錐騎過去）。運動員要練習轉彎時換成比較輕鬆的齒輪。轉彎後，他／她應該要站起身離開坐墊，彷彿在衝刺那樣，然後坐下，調回轉彎前使用的齒輪。

## 練習二

　　以競賽的速度重複練習－可能需要增加練習錐之間的距離才行。

## 衝刺

因為團體起跑的自行車賽事中,完賽的順序是以位置而非時間來決定,所以接近終點線的時候,能夠迅速加速是很重要的。任何在一群或是一批人之中來到比賽終點的運動員,都會需要衝刺完賽。

## 技能進展－衝刺

| 你的運動員可以 | 從不 | 偶爾 | 經常 |
|---|---|---|---|
| 坐姿騎乘時,加速踩踏至最高轉速,同時維持筆直騎乘路線 | ☐ | ☐ | ☐ |
| 轉換到較高速的齒輪(較費力),站在踏板上然後加速騎乘 | ☐ | ☐ | ☐ |
| 計算加速到最高騎乘速率的時間 | ☐ | ☐ | ☐ |
| 總計 | | | |

## 技能進展－衝刺

| 錯誤 | 修正 | 訓練參考 |
|---|---|---|
| 運動員亂踩踏板但沒有較高的車速。 | 運動員務必學習使用較高速的齒輪。 | 衝刺練習 |
| 運動員在嘗試衝刺後疲憊然後慢下來。 | 運動員務必嘗試在衝刺時維持正常呼吸且不憋住呼吸。衝刺時需要計時。人體只能衝刺 10 秒鐘。這位運動員有可能太早衝刺了。 | 衝刺練習 |
| 運動員在離開坐墊衝刺時無法直線騎乘。 | 即使在衝刺時，運動員也要務必保持重心在後方，視線朝前。 | 衝刺練習 |

## 衝刺練習

　　如果使用下把把位，其實要練習雙手在手把最低的位置時從坐墊起身。在這個練習中，要用練習錐標示練習終點線－以粉筆與工作人員標示－的前 200 公尺處。運動員要先練習低速往練習椎騎過去然後練習稱為「跳躍」的技術。運動員把手把往上拉，離開坐墊，一邊把踏板往下踩然後往上拉。這是計時賽開跑所需的同樣技術，這是應該要先練好的。

　　運動員在練習錐的地方「跳」起來，然後盡可能保持離開坐墊，直到到達終點線。運動員須能在終點時控制自行車。

　　以較高車速重複這個練習。

# 維持穩定高速

以最少的時間計時賽或是長途騎乘，需要能夠自己配速，維持一致的高速。

## 技能進展－維持穩定高速

| 你的運動員可以 | 從不 | 偶爾 | 經常 |
|---|---|---|---|
| 在長時間定速騎乘時專注於施力以及踩踏速度 | ☐ | ☐ | ☐ |
| 以舒適的姿勢穩定高速騎乘 | ☐ | ☐ | ☐ |
| 使用齒輪控制踏頻，在有山坡的地形穩定騎乘 | ☐ | ☐ | ☐ |
| 總計 | | | |

## 錯誤與修正－維持穩定高速

| 錯誤 | 修正 |
|---|---|
| 運動員到處亂看，沒有專心維持高速。 | 要運動員以穩定速度且維持那個速度，跟著教練或是其他運動員騎乘。 |
| 騎乘時車速起伏很大。 | 在自行車上設置測速器，與他／她一起練習維持特定速度。 |

## 維持穩定高速的練習

### 練習一

　　找一條至少一英里長的筆直安全道路：可以的話，找更長一點的道路。

　　劃出開始及結束的區域，要運動員高速騎乘，不滑行。紀錄運動員所花的時間。如果有需要的話，重複做這個動作。如果有自行車電腦的話，要每個運動員騎到特定的速度，然後回報電腦上看到的數字。

### 練習二

　　增加距離，練習使用不同的齒輪，教運動員不同齒輪的差異。

# 日常生活中的技術

## 以自行車作為交通工具

運動員要學習道路規則。要花時間教運動員使用聽力來辨別接近他們的車輛大小，使用手勢，轉彎前往後看，以及穿越路口前先查看。

花時間討論當地哪些路是可以與其他運動員一同安全騎乘的，哪些路線永遠不要騎。

在運動員可以使用自行車當作交通工具之前，他們要能證明他們擁有安全騎乘的知識以及習慣：打開車燈，使用智能指示燈光系統（blinker），做出行車手勢，對可能快速靠近路口的汽車使用喇叭或是發出噪音。運動員要知道如何以直線騎在道路側邊，要能辨認出道路上的危險，例如鐵路、路上的水溝蓋、玻璃等等，這些都是很重要的。自行車運動員要知道怎麼更換洩氣的輪胎，還有要能夠告知他人他們的姓名、住址以及電話號碼。

另外一個重要的技巧是應對無禮或是生氣的駕駛人。自行車運動員在道路上總是處於劣勢。汽車比自行車還要大，而且不管汽車駕駛人多生氣或是無禮，自行車運動員一定要保持沉著且不具攻擊性的態度。絕對不要回以粗魯的叫喊或是手勢。只要微笑還有揮手就好，還有記下車子的顏色型號，還有，如果可以的話 ... 記下車牌號碼。

# 訓練範例

　　特殊奧林匹克運動員的背景以及經驗有可能會非常地多元。因此，不可能規劃一個能符合所有人需求的訓練計劃。在這份指南中，我們試圖盡可能地滿足最多人的需求。自行車競賽中符合產業標準的自行車是有撥鏈器的公路車。這個訓練計畫力求能夠應用在騎乘多變速（十速或是更多速）自行車的運動員身上。這即是有撥鏈器的公路車

　　訓練有八個層次，而第一個層次是最重要的：自行車技術。如果運動員不知道如何騎乘自行車，而且是安全地騎乘，那世界上的各種訓練理論對他們都不會有任何幫助。所以首先要去探討訓練中的技術元素。

　　當確定運動員能夠騎乘且安全地執行技術後，剩下七個訓練元素要整合到訓練計畫中。這些初步的技術練習大多能夠在停車場執行。

## 第 1 次訓練

### 自行車入門：

- 不同類型的自行車，以及自行車部位的名稱。
- 安全帽－什麼是合格的安全帽，如何正確配戴。
- 服飾－車褲，以及為何穿車褲的時候不該穿內褲；手套、緊身褲、車衣以及車鞋。
- 如何分辨你的輪胎是否需要打氣以及如何幫它們打氣。
- 水壺及水袋。
- 正確的自行車設定。

### 技術：

- 上車與下車。
- 開始以及停止。
- 使用腳趾勾片以及無勾片的車鞋系統。
- 踩踏。

- 煞車。

## 第 2 次訓練

- 複習上一次訓練學到的技術。
- 騎乘時移動手把上的雙手。
- 變速。
- 轉舵 v.s. 轉彎
- 過彎練習
- 彎道練習

　　要派「回家作業」給這些運動員，規定他們每日至少花 20 分鐘練習這些技術，直到下禮拜的訓練課程。

## 第 3 次訓練

　　複習上周教的技術，糾正還有讚賞運動員的自行車技巧。你也許會需要依技術程度將運動員分組，一組專注於磨練技術，而另一組進階到下一步

## 更進階的技術：

- 計時賽起跑（與扶車者一起）。
- 輕拂煞車：煞車時要踩踏。
- 擋風－什麼是擋風，為何擋風可以帶來優勢；騎乘時如何辨別風向。「甜蜜點」的感覺是什麼。不要盯著輪子，視線要穿過前方運動員看過去。輪子的距離要多近。什麼是輪子交疊，為何不該這樣做（大部分人摔車是因為車輪交疊）。
- 伸手去拿你的水壺，把它取出來，然後放回水壺架上。
- 騎乘時查看後方。讓運動員與一位隊友配對，要他們輪流騎在對方前面。後方的運動員比出特定數目的手指，前方的運動員要說出有幾根手指頭。

## 第 4 次訓練

一樣，複習前一次訓練的技術，評估技術程度以及是否準備好進階到下一步。

**更進階的技術：**

- 如何正確地碰觸其他運動員。
- 如何安全地並排騎乘。
- 複習擋風。
- 介紹單列輪車技術。
- 偏離路面時該怎麼做（**持續踩踏！讓集團騎過去，然後轉動前輪，讓前輪與道路近乎垂直，接著回到集團後方。**）

本周作業：**繼續練習這些技術，然後每日至少騎乘 30 分鐘，直到下周的訓練日。**

## 第 5 次訓練

複習目前為止學過的技術，評估每個人進階到下一步的準備狀況；依需求分組。

**更進階的技術：**

- 衝刺：如何利用其他運動員的擋風來加速騎乘。
- 如何在終點線推車衝線。
- 雙列輪車。

## 第 6 次訓練

複習之前的技術練習，評估進階的準備狀況。

**更進階的技術：**

- 雙列輪替輪車。
- 在車列前方時如何維持不加速，如何維持速度。

- 如何移到休息列而不撞到在輕鬆／休息列的運動員前輪。
- 如何保護你的前輪。
- 如何從休息列加速然後移往輪車的工作列。

本周作業：練習這些技術練習然後一周中有 4 天至少騎乘 45 分鐘，直到下次訓練。

## 第 7 次訓練

- 複習前兩個禮拜的技術。
- 介紹 500 公尺個人計時賽；幫運動員計時以及記錄。

## 第 8 次訓練

再次複習技術，然後介紹重量訓練。運動員應該要開始在訓練課表中加入每周兩次，每次 20 分鐘的重量訓練。記得要在訓練中加入熱身以及伸展。

## 第 9 次訓練

### 間歇訓練：

什麼是間歇，以及在道路上或是健身自行車上可以怎麼執行

如果你有健身自行車可以用，在上面說明什麼自行車以及如何用這個工具來練習，是非常有幫助的。如果你有田徑跑道或是固定距離的環狀路線，或是社區中的街區或停車環，你可以讓隊伍一起練間歇。你可以在間歇區用粉筆或是交代標示「開始」，或是以電線杆分隔開來。然後說明，這個練習在休息時，其實應該要繼續輕鬆地踩踏，而非只是滑行。在訓練中要加入良好的熱身、伸展以及收操。

## 第 10 次訓練

### 爬坡：

找一個車流量不多，在頂端及底部有空間讓人站在路旁的中等尺寸

坡道（30 秒爬得完）。跟運動員介紹不同風格的爬坡，包括坐在坐墊上以及離開座墊的方式。強調在踏板踩踏（腳跟往下）以及在後方踩踏時上拉（如果運動員有腳趾勾片或是無勾片的踏板系統）。指導在坡道上使用齒輪的方式，變速的方向以及時機。介紹「踏頻」的概念，以及如何在調整齒輪時維持踏頻。

作業：這周持續練習技術以及騎乘 45 分鐘共 4 次。一周應從事重量訓練 20 分鐘共 2 次。

## 第 11 次訓練

- 熱身 20-30 分鐘
- 熱身後伸展。
- 練 5-10 分鐘的站姿起跑。
- 解釋計時賽的準備工作：運動員在完成適當的熱身後，要來到起跑區，加速幾次。到達起跑線之前，他們要選好起跑的齒輪並且測試一下（要用這個齒輪「跳」幾次）。向運動員說明，站在車列中的時候，絕對不可以轉換齒輪，因為這會導致起跑時齒輪「滑」掉。
- 讓它們做 2 次 500 公尺計時賽（紀錄他們的時間），中間休息 10 分鐘。
- 以 30-45 分鐘的團體騎乘收操（可以的話，依技術程度以及車速來分組）。

## 第 12 次訓練

### 穩定狀態騎乘：

讓運動員練習穩定狀態騎乘。使用自行車電腦，要他們保持維持你事先指定的數字（時速或是踏頻）。在自行車上面熱身 15 分鐘後，要他們維持這個速度－穩定狀態－2 分鐘。然後增加速度或是踏頻（例如，從 15mph's 增加到 17mph's）3 分鐘。讓他們休息 5 分鐘（輕鬆騎乘，

但持續踩踏），然後再做 2 次耐力間歇訓練。

以 10 分鐘的恢復騎來收操。伸展。

作業：要運動員在周末時團體騎乘，增加在自行車上的里程以及時間。

## 第 13 次訓練

- 熱身，複習上周教的，計時賽的準備。
- 伸展。
- 複習擋風的規則（盡可能靠近但不交疊車輪）。
- 讓每個運動員與一位教練或是資深運動員分組（配對）。
- 做一次 500 公尺計時賽，但不是個別執行，每個運動員騎在一位資深運動員的擋風區中。資深運動員的車速要與他們配對的運動員快一點，但不該快到中間有「間隙」而失去擋風的益處。在計時賽中，資深運動員在計時賽中「領導」特殊奧林匹克運動運動員。運動員應該要在練習在計時賽中全程騎在擋風區中。目的是讓運動員 1) 體驗比他／她一般獨自騎乘還要更快速的狀況，以及 2) 體驗還有練習騎在擋風區。
- 重複這個練習 3 次，中間要休息（最少 5 分鐘）。記錄時間，在訓練冊中註記為「有擋風的計時賽」。

至於計時賽項目距離更長的那些運動員，跟他們介紹更長的距離。以團體的方式騎乘那些距離。說明在一開始起跑後，如果以及何時，在地形改變時，他們可能會需要變速。加強穩定狀態騎乘，專注在車速或是踏頻。

## 第 14 次訓練

- 以輕鬆的齒輪熱身 15-20 分鐘。
- 使用可以控制、可劃分區域（由電話亭、街區、或是田徑場上的一條跑道區分出來）的平坦路線。

- 教練會需要碼表以及哨子。
- 要運動員變速到小的齒盤以及後輪的中齒輪（約 16 齒的齒輪）。
- 指示運動員，如果聽到你吹一聲口哨的話，這表示要踩踏地愈快愈好，一直踩到你吹一聲長哨音，表示開始休息，直到下次的哨聲。
- 時間間隔應為 15 秒「開始」，45 秒「結束」。重複 10 組。
- 運動員應該要休息 5 分鐘，然後在休息結尾時，變速到更費力的齒論（42x15）。
- 以較高速的齒輪再做一次間歇練習。
- 往更輕鬆的方向變速兩個齒輪（42x17）然後（在持續騎乘的狀態下）休息 5 分鐘。
- 要運動員轉換到大齒盤（52x17）；然後間歇「開始」20 秒，「結束」的部分維持 1 分鐘。
- 讓非特殊奧林匹克運動員與運動員混在一起訓練是最好的，這會鼓舞他們，且協助他們跟上計時。
- 5 分鐘收操以及伸展。

## 第 15 次訓練

- 複習變速以及爬坡的技術。
- 找一個在底部有平坦入口的中等坡道（30-45 秒爬完）。
- 在爬坡的入口處插一根旗子，運動員在這裡應變速成較輕鬆的齒輪。在坡道頂端前再放一根旗子，一根放在頂端，頂端 3 公尺外再放一根。在每個旗子（應該會有 4 根）的位置，安排一位「教練」或是支援人員，然後要所有的運動員在坡道底端輪流開始。
- 叫運動員一個一個開始騎乘，每個運動員之間有一段時間的間隔。指導運動員一次坐在座墊上騎乘，第二次離開坐墊騎乘。到達第一根旗子時，運動員應變速成較輕鬆的齒輪（在剛開始感覺比較不易踩踏時，增加踏頻）。在山頂前的旗子處，他們應該往更費力的齒輪變速一格，之後碰到每根旗子的時候，也都要往更費力的齒輪變

速一格。這會讓他們在爬坡困難時有更多的爆發力

- 在爬坡後，他們應該要持續踩踏，從爬坡中恢復，然後轉回頭，再練習一次。依坡道的難度而定，它們每個人至少要做 4 次練習。
- 結束後，做個長距離騎乘。集團應以能力以及車速來分組。

## 第 16 次訓練

- 介紹「階段」熱身。先在能控制的環境下練習是比較好。短的環狀路線是最好的。有自行車電腦的運動員最適合這種熱身方式。
- 教練跟運動員一同騎乘，或是在環狀路線騎乘，這樣運動員會在固定的時間間隔經過教練。
- 前 10 分鐘以中等速度騎乘，練習輪流輪車。
- 10 分鐘後，選一位（有自行車電腦的）運動員騎在前頭，加速到每小時 5-8 公里。試著讓運動員盡可能地維持緊密的集團。這個速度騎乘 1-2 分鐘後，叫下一個運動員來到前頭，要他再加速 3-8 公里。重複這個程序，直到集團無法騎在一起。休息五分鐘，集合，然後重複練習。
- 這個練習的目的是，教導比賽熱身的方式。這個熱身會讓心臟及呼吸系統可以適應比賽造成的身體壓力。這熱身應該會滿短暫的，不會讓運動員筋疲力盡，但仍可以讓心臟以及肺部動起來。
- 架好器材，準備好練習計時賽。你應該要複習一下起跑程序。提醒自行車運動員倒數計時以及扶車者的注意事項。另外也要強調，他們在到達起跑先之前就要把起跑要用的齒輪轉換好。
- 開始練習 10-15 分鐘
- 集合運動員，讓他們完整地跑完計時賽。
- 依照運動員的能力來決定計時賽的里程。你可能需要準備不同的場地來配合不同里程的計時賽。
- 在第一組計時賽之後，讓運動員輕鬆騎乘做恢復。休息的時間應為 10-15 分鐘。

- 再跑一次計時賽。
- 團體收操。

## 第 17 次訓練

如果你有一群要參加公路賽的運動員,他們會需要為了集團騎乘的狀況而訓練。你要把這些人跟只有參加計時賽的運動員分開來。

公路賽的運動員要專注訓練在擁擠的狀況下與其他運動員一同騎乘的技術。這時你需要請當地的自行車社團幫忙,看社團的人能不能為你的運動員扮演「路人集團(pack filler)」。要模擬公路賽的話,你需要一群自行車運動員。「路人集團」的這些人不是要贏得比賽,而是要模擬運動員在競賽中需要互相競爭的運動員。你要跟這些來幫忙的人解釋,你的運動員是特殊奧林匹克運動員,需要他們的協助以模擬公路賽的狀況。因為一般來說特殊奧林匹克運動會的場地上限是 8 人,你大概只需要 4-5 位志工來幫忙充當路人。

先練習以集團的形式過彎。請一位技術不錯的志工騎士領導車列過彎,要你的運動員跟上去。在他們較能自在地以一列過彎後,要運動員以 2 人一組一起過彎(並排,且皆在其他兩位運動員後面)。

這個練習完成後,介紹跟著集團一起衝出彎道的概念。一般來說,作法是接近彎道時煞車,離開坐墊站著並滑行通過彎道,然後加速離開過彎曲。要他們玩「跟著隊長走」的遊戲,以成功執行這個技術。

再次強調擋風時的安全措施,在這些練習時,要輕拂煞車且不要讓車輪交疊在一起。也要複習如何避免扣住踏板。

運動員以及參與的人士能輕鬆執行這些練習後,安排一場比賽。志工不要拋下運動員。他們一開賽就衝出去的話,志工參加這個練習的效益就消失了。教練要確認志工與你的運動員一起騎乘至競賽結束。

## 計時賽訓練:(給那些沒有要參加公路賽的人)

- 安排計時賽的路線，但長度是運動員實際比賽路線的一點五倍。這是體能訓練，不全然是技術訓練。跟運動員說明，起跑時也許要少用一點精力，為較長的距離節省體力。開始說明比賽的首要原則：計時賽距離愈短，以愈具爆發力的形式起跑，而距離愈長，需要愈漸進（使用愈少體能）的方式。
- 要運動員自己跑一次計時賽；然後下次計時賽可以讓其他運動員配速。
- 休息 15 分鐘後，讓他們跑一次他們的競賽距離。

給所有人的作業：各自練習加速衝出彎道以及做間歇練習。運動員們應該要能持續騎 1 小時（或更久），每周至少騎 3 次。

## 第 18 次訓練

### 公路賽：

運動員要能夠騎乘公路賽長度兩倍距離的里程。與在地自行車社團的騎士合作會非常有幫助。騎乘速度應為中等至有點費力。運動員們應該全程踩踏，避免過度滑行。如果騎乘里程更長（50 公里），要讓運動員攜帶點心及飲用水。提醒他們在騎乘時喝水。

### 計時賽訓練：

熱身與伸展。

那些完成 500 公尺與 1 公里計時賽的運動員們，讓他們以競賽距離兩倍的里程做訓練。讓他們練習這個里程兩次，中間休息 15 分鐘。至於那些競賽距離更長的選手，讓他們以競賽長度 1.5 倍的距離執行訓練。

給所有人的作業：與其他運動員一起騎 90 分鐘，一禮拜騎 3 次。

## 第 19 次訓練

團體熱身及伸展。

## 公路賽：

安排一條標準路線（1/4 到 1/2 英里的環狀路線，有標示清楚的起跑／終點線，安全不受車輛影響。你或許可以考慮用練習錐在停車場裡面架好這個路線）。邀請在地當車社團的志工騎士來為選手充當競賽時集團中的路人。

複習如何衝刺以及在終點線時如何推車衝線（在第三周，第五次訓練時介紹過）。解釋計分賽是怎麼進行的。計分賽會在每圈的起跑／終點線衝刺一次。衝刺是為了得分。

比賽結束時，累積最多分的人贏得勝利。（分數是這樣計算的：衝刺時排第一的人得 3 分，第二名拿 2 分，第三名得到 1 分）告訴選手以及志工騎士，這是一個練習賽，目的是給選手一個可以練習贏得比賽還有衝刺的環境。視運動員的技術程度而定，你要舉辦 5 公里或是 10 公里的比賽。設置 1 位記圈員還有 1 個鈴鐺，可以幫助運動員了解，比賽結束前還要騎乘幾圈。

比賽結束後，讓集團騎一個 30-40 分鐘的「收操騎」。跟運動員回顧，你看到他們有哪裡做得很好，以及他們可以怎樣改進。

## 計時賽選手：

架好一個起跑線，然後在距離 250 公尺的地方，架設終點線。把運動員依速度以及能力分組。每個組別中有二至四位運動員。在起跑線上跟扶車者排好（扶車者是知道如何在計時賽起跑時撐住運動員的志工）。告知運動員這是計時賽的起跑練習：他們會聽到從 10 開始的倒數聲，然後聽到「Go（或是口哨聲）」時，他們要起跑，然後在僅僅250 公尺處結束。每組重複 10 次。在第五次計時賽起跑後，停下來，跟運動員回顧你觀察到哪些東西。稱讚運動員的良好技術，然後告訴他們可以如何進步。

最後一次練習後，讓集團做一個 30-40 分鐘的收操騎。

## 第 20 次訓練

30 分鐘的集團熱身，然後伸展。

### 公路賽：

- 準備好一條路線，要符合運動員將要競賽的距離。利用在地自行車志工來模擬競賽狀況（模擬比賽時的其他運動員）。路線要盡可能地加入許多彎道。專注在過彎的速度，如何節省體力，以及如何在不扣住踏板的狀態下安全地過彎。

- 計算騎多少圈會達到 10 公里。要集團以漸進輕鬆的車速一起開始騎乘。再次使用志工騎士，讓他們與特殊奧林匹克運動運動員一同騎乘。在最一開始的幾圈，讓資深運動員領導車列通過彎道，而特殊奧林匹克運動員以同樣的路線跟在後面。每經過一圈時，叫騎士增加車速，逐漸提高強度。每騎一圈，運動員要以更高的速度過彎，且習慣它。到了最後 2 圈或 3 圈時，他們應該要以競賽車速騎乘。在最後一圈時，敲響鈴噹，讓運動員衝刺到終點線。

- 讓運動員做 10-15 分鐘的收操騎。全員集合，討論他們體驗到什麼，以及你觀察到什麼。讚美運動員，並且告訴他們還可以怎樣進步。

- 這應該會再花去 10-15 分鐘。

- 然後再跑一次 10 公里競賽，但這次不是漸進式的加速……是一場比賽。

- 收操騎。讓運動員進食以及喝水，然後伸展。說明恢復是訓練中非常重要的元素。

### 計時賽選手：

- 團體熱身 20-30 分鐘，然後伸展。

- 架好 500 公尺計時賽的起跑與終點線。用這個加長距離的路線，重複之前的練習。

- 針對參加5公里與10公里計時賽的選手，跟他們討論配速，也就是，他們起跑的方式會需要比參加500公尺與1公里計時賽時還要更漸進且使用更少的體力。在他們的計時賽中跟他們討論配速，告知他們務必穩定地騎乘，不要在一開始就耗去太多的體能。
- 把參加5公里與10公里計時賽的選手挑出來，讓他們練習更漸進的起跑方式。在你確認他們能妥善地執行漸進式的起跑後，要他們與志工導師一起騎乘計時賽的里程。讓1位志工導師騎乘在1位選手後方，給予鼓勵，以及給予配速的建議。當他們看著自行車電腦時，把選手的車速提供給選手參考。
- 收操然後伸展。

作業：這周重量訓練減量，然後進行2次輕鬆的長途騎乘，至少2趟。

## 第 21 次及第 22 次訓練

最後兩周，應該致力於讓運動員熟悉競賽環境，以及知道身體上與心理上應該預期什麼。

安排一個競賽場地，而且要盡可能地跟你預期選手會參加的競賽場地相似。

運動員的熱身程序必須適合他們將騎乘的比賽。比賽活動距離愈長，熱身的強度就愈低，而競賽長度愈短，熱身就應該愈劇烈。跟選手討論競賽前的飲食：吃什麼，還有什麼時候吃。

讓運動員騎乘將要競賽的距離。每次都計時，而且跟之前這個距離的紀錄比較。每次騎乘都當作是正式比賽一般，告知運動員競賽規則，而且執行規則。記得要給每位運動員意見回饋。

到了這個時候，讓運動員去參觀當地舉行的比賽或是計時賽，會很有幫助。對於整個隊伍來說，這會是很棒的「實地考察」。如果你可以找到運動員可以參與的當地比賽會更好。從安全的角度來說，計時賽會是最好的方式。比賽最好的訓練是參加比賽。

## 自行車中的交叉訓練

　　交叉訓練是個現代的名詞，指的是把與活動直接相關的技術替換成其他技術。交叉訓練的概念來自傷害復健，而現今也應用在傷害預防。跑者在腿部或是腳掌受傷而無法騎乘自行車時，可以替換成其他運動，讓選手可以保有他／她的有氧能力與肌肉力量。

　　交叉訓練對於專項運動的價值以及轉移性不高。執行「交叉訓練」的一個理由在激烈的運動專項訓練時，避免傷害以及保持肌肉平衡。運動成功的關鍵之一是長期持續保持健康以及維持訓練。交叉訓練讓運動員做專項練習時可以更熱情且奮力，或是減少受傷風險。

- 溜冰（直排輪，輪式或是冰上溜冰）。與自行車的肌群相同。
- 重訓
- 越野滑雪
- 騎登山車
- 健身自行車
- 競速溜冰

# 特殊奧運自行車教練指南

## 自行車規則及禮儀

## 目錄

# 指導自行車規則

指導自行車規則的最佳時機是練習的時候。完整的自行車規則清單，請參考官方版〈特殊奧運自行車運動規則〉。身為教練的你以及選手們必須：

- 知道練習以及競賽時的適當制服／服裝。
- 了解選手要參加的競賽項目內容。
- 知道分組的程序包含性別、年齡、以及預賽成績。
- 理解教練在特殊狀況可以調整預賽成績。
- 認識場賽道（設計、賽道圈數等等）。
- 知道要注意裁判長的指示。
- 知道不可以妨礙其他運動員。
- 遵從官方版特殊奧林匹克運動自行車規則以及國際自行車總會的規則（UCI Rules）。

# 融合運動®規則

融合運動自行車僅適用於協力車計時賽，請參考官方版〈特殊奧運自行車運動規則〉。

## 抗議程序

抗議程序由競賽規則來管理。競賽管理小組的角色是執行這些規則。身為一個教練，你對你的選手及隊伍的責任是，在你的運動員比賽時，你覺得違反官方版〈特殊奧運自行車運動規則〉時，對任何行為或是活動提出抗議。不要因為你還有你的運動員沒有得到想要的結果而抗議，這是極為重要的。比賽前，跟競賽隊伍談一談，學習該項競賽的抗議程序。簡單詢問情況常常就能改正官方計時或是計分的錯誤，而無需提出完整的抗議。跟官方人員合作是很重要的。並非所有的狀況都需要發布正式的抗議。

抗議表格都應該填寫完整且應該包含以下的資訊：

1. 日期

2. 遞交的時間

3. 運動－活動項目－年齡分組－分組

4. 運動員的姓名－隊伍

5. 抗議理由（標註違反哪項〈特殊奧運自行車運動規則〉或是〈國際自行車總會規則〉）

6. 總教練簽名

# 自行車禮儀

在自行車運動中，所有運動員都應該了解安全第一的重要性。你的運動員應該單列騎乘還是兩兩騎乘？身為一位教練，你必須依訓練的道路來決定怎樣對你的運動員而言是最安全的。兩種方式都要練習。

騎乘時，運動員絕不可配戴耳機或是使用手機。運動員要學習辨識交通噪音以及在車輛從後方靠近時警示集團。例如向大家公告「後方車輛」，這樣就能警告集團。要練習在車輛靠近時你應該做甚麼。

如果集團中有人爆胎了：騎乘前要制定計畫，這樣大家才知道那些人要停下來，那些人不用等。但是記得，要教你的運動員，在比賽時不要等待其他運動員！

水壺：運動員要有自己的水壺，而且要清楚標示姓名——不可以共用水壺。要教運動員以及他們的照顧者，如何在每次使用後，正確清潔水壺；一個禮拜使用一次漂白水，讓水壺保持乾淨。如果運動員要去騎自行車，不管騎乘時間多久，你都要跟運動員從水壺喝水的方法一起練習。不具有正確喝水技巧的運動員，自行車上面不該放水壺，也就是，教練要幫他們帶水壺。運動員也應該要被教育，不可以在騎乘時亂丟水壺。

在集團中領騎的運動員在看到路上障礙物時，應該要警告其他運動員。可以用口頭或是用手勢。看到前方道路有障礙物時，依照障礙物所在的位置，領騎的運動員要指向左邊或是右邊。對於某些運動員來說，因為平衡或是控制力的疑慮，這樣的作法是不切實際的；碰到這種狀況時，教練應該要制定口頭警示障礙物的計畫，且跟他的運動員一起練習。

吐口水以及擤鼻涕：自行車運動員在騎乘時可能會需要吐口水及擤鼻涕。有些運動員可能無法把一隻手從手把離開然後擤鼻涕。身為教練的工作是，與各個運動員研究吐口水還有擤鼻涕的正確技巧。在競賽的

狀態下，運動員要考量到其他參賽者。

上廁所：提醒運動員競賽至少 30 分鐘以前要上廁所。

換衣服：盡可能的狀態下，運動員不該穿著騎乘自行車的服飾抵達會場。運動員應該在訓練或是競賽結束後，盡速換下自行車服飾。競賽或是訓練後，應該要準備乾爽的衣服以便替換。運動員絕不該在公開場合更衣。

在賽道上熱身：運動員只能場地開放的時段於賽道上熱身。運動員應該了解，不一定都能在賽道上以競賽速度練習。運動員要尊重在賽道上練習的其他運動員以及賽道上的工作人員。針對熱身時在賽道上看到的任何潛在危險狀況，騎士都應該要警示比賽官方人員。

## 競賽時

準備：運動員應該在競賽開始最少 20 分鐘以前就要準備好比賽。運動員要知道如何來抵達起跑線，以及遵照官方指引排列。

競賽：運動員要尊重其他運動員，在競賽的任何時刻都不該口出穢言。全程都需安全騎乘；不可以有任何突發或是奇怪的舉動。要教導運動員不要突然從道路的一側移動到另一邊。

比賽結束後：運動員應恭賀一起比賽的其他運動員。

遵從官方人員指示：運動員在熱身與競賽時，應遵守所有官方指令。

響鈴：響鈴表示比賽來到最後一圈。所有的運動員會跟領先的運動員在同一圈結束。如果有運動員騎乘到一半而被告知要停止或是離開賽道，運動員一定要照做。

在賽道上反方向騎乘：**絕對不行！**

前導車：運動員不可以超過前導車。

# 運動家精神

　　好的運動家精神是教練以及運動員致力於公平競爭，符合倫理道德的行為，以及正直。就觀感以及實際作為來說，運動家精神的定義是慷慨以及對他人的誠摯關心。在以下的段落中，我們會強調跟你的運動員教導還有指導運動家精神的幾個要點以及概念。

## 競賽努力

- 在每次的活動中，要盡最大的努力
- 做每個活動的強度，要跟競賽時執行這些活動的強度一樣。
- 一定要完成每場賽事或是活動——永不放棄。

## 隨時公平競爭

- 隨時遵守規則。
- 隨時展現運動家精神以及公平競爭。
- 永遠尊重官方單位的決定。

## 對教練的期許

1. 永遠要做運動員以及觀眾追尋的好榜樣。
2. 教導運動員正確的運動家精神與責任，且勉勵他們把運動家精神以及道德放在第一順位。
3. 尊重比賽官方單位的裁決，遵守活動規則，不可做出任何會煽動大眾的行為。
4. 尊重其他隊伍的教練、總監、運動員手以及觀眾。
5. 與其他運動員握手。
6. 針對不符合運動家精神標準的運動員，制定且執行罰則。
7. 獎賞優良的行為。

## 對運動員及團體運動成員的期許

1. 尊重所有人。

2. 在隊友犯錯時鼓勵他們。

3. 尊重對手：比賽前後要與他們握手。

4. 尊重比賽官方單位的裁判，並遵守運動規則。

5. 與官方單位、教練或總監、以及其他參加者合作，完成一場公平
   的競賽。

6. 如果其他隊伍有不良的行為，不要（以口語或是肢體）報復。

7. 尊重你的器材，例如，絕不要把自行車亂丟。

8. 認真地接受代表特殊奧林匹克運動會的責任以及精神。

9. 把勝利定義為盡你個人最大的努力。

10. 符合教練設下的高標準運動員精神。

---

**指導訣竅**

☐ 討論甚麼是好的行為，例如在所以活動後恭賀對手，不管是贏了還
   是輸了；以及隨時控制好脾氣以及行為。

☐ 在每次練習或是競賽後頒發運動員精神的獎項。

☐ 討論有尊嚴地贏得還有輸掉比賽是甚麼樣子。

# 自行車服裝

所有參賽者都要遵守正確的自行車服裝。每種運動都有特定的服飾，自行車也不例外。教練要幫助運動員了解為何需要正確服飾，以及了解怎樣穿讓你保持健康的服飾。與運動員討論穿著合身服飾的重要性，以及在訓練及競賽時，特定種類服飾的優點與缺點。例如，長的牛仔褲或是短的牛仔褲，對於任何自行車活動來說，都不是適當的自行車服裝。跟運動員說明，當他們穿著會限制他們動作的牛仔褲時，他們無法拿出最佳表現。帶運動員去觀看當地的自行車賽，或是看自行車的影片，指出參賽者穿了那些服飾。你要以身作則，在訓練及比賽時穿著正確的服飾。

與你社區中的自行車經銷商合作，可以為你的訓練計劃帶來幫助。去參觀數個在地自行車店，思考哪個最能協助你的訓練計劃。你不是在找「贊助商」，而是要找一個最能幫助運動員的可靠商家。這個商店不需要是鎮上最大的一家店，但需要有最能了解特殊奧林匹克運動員需求的員工。有些店家可能可以給你比較優惠的價格，但記得，經商的人給予服務是需要收費的。記得跟特殊奧林匹克公司問問看有沒有團體折扣。另外，很多郵購的店家有提供自行車配件與器材的折扣。

## 安全帽

安全帽要符合主辦單位國家管理單位的安全標準。安全帽的配戴極為重要。鬆垮垮的安全帽可能會妨礙視線，且在跌倒時無法保護運動員，而太小的安全帽會讓運動員真的頭痛。安全帽的前緣應該要位於眉毛正上方。安全帽的帶子的緊度，須能讓安全帽在遭受撞擊時不會從額頭滑到

後方去。前方與後方帶子的交界應該剛好在耳朵下方。要查閱一下製造商的說明書。最後，安全帽在帽殼的前方、側邊、頂端以及後方，應該要有通氣孔。如果曾在摔車事件中撞到頭，安全帽應該要接受檢查，如果有需要的話，要換掉安全帽。

## 上衣／車衣

　　有袖子的上衣或是車衣，務必蓋到肩膀，且應該要能讓肩膀及背部能舒暢且自由活動。T恤如果有紮進去的話，也是可以穿的。記得，寬鬆的衣服可能會卡在自行車移動中的零件或是坐墊（座位）。車衣讓運動員免於衣服被卡住的狀況，而且有口袋可以攜帶證件、鑰匙、以及食物；明亮的材質則能增加可見度。

## 短褲

　　萊卡材質的彈性短褲可以支撐腿部上段，坐墊可以增加舒適度且減少摩擦破皮，且讓腿部及髖部自由活動。自行車短褲的設計是穿著時不穿底褲的。如果沒有自行車短褲的話，正確合身的，長度到大腿中間的短褲，也是可以接受的。不管你的運動員選擇穿著萊卡車褲或是其他短褲，必須在每次訓練後清洗短褲，以維持良好的衛生狀況。

## 襪子

自行車運動員應該要穿短襪，最好是蓋到腳踝的襪子。

## 鞋子

雖然慢跑鞋也可以騎自行車，一位認真騎乘自行車的運動員應該要投資一雙車鞋。堅硬的鞋底以及防滑面，會讓運動員踩踏時提昇效率。鞋子大小應該要能穿起來舒適，不能束縛或是限制血液循環。運動員試穿車鞋時，應該要穿著騎乘時會穿著的那種襪子。

公路車鞋可能會比較有效率（因為堅硬且輕量），但登山車鞋或是旅行自行車鞋可能會更實用，因為這些鞋子一般穿起來比較舒適且比較容易穿著走路。

## 手套

自行車手套讓運動員在握自行車手把時比較舒適，且在摔車時可以保護雙手，而且應該隨時配戴著。

## 冷天／雨天服裝

教練與運動員要隨時準備好面對嚴峻的天氣。有些衣服帶著會很好用，例如：

- 頭帶
- 自行車雨衣
- 保暖內衣
- 自行車緊身褲或是保暖腿套

- 自行車外套或是保暖臂套
- 全指的自行車手套
- 鞋套

## 配件

- 所有運動員都建議配戴護目鏡,且
  對於配戴隱形眼鏡的運動員來説是
  必要的。
- 像是 CamelBak® 的水袋,對於正
  確的補水或許會很有幫助。

# 自行車裝備

自行車運動需要以下列出來的運動器材。運動員須能辨識且了解特定運動的裝備是怎麼運作的，且會如何影響他們的運動表現。在你展示每項裝備時，要你的運動員說出名稱－還有說出每項配備的用途。要強化這個能力的話，讓運動員選出他們的運動項目會用到的器材。

## 自行車

特殊奧林匹克運動員會使用數種不同的自行車。你的運動員可能會使用以下任一種自行車：

### 公路車

下把把位能讓運動員以更符合流體動力學的方式騎乘。一般來說，公路車有較窄、較高壓的輪胎，更適合騎乘於柏油路。公路車可以有多達三十種不同的變速。公路車最適合有較高技術程度的運動員。

### 登山車或是混合動力自行車（Hybrid Bicycle）

這些自行車的直立手把讓人可以以較舒適的姿勢騎乘。一般來說，這些自行車的輪子比較重，且輪胎有比較多胎紋，在柏油路上速度會比較慢。前方飛輪通常會有 3 個齒盤，最高可以有二十七種變速。

### 協力車

這是給兩個人騎乘的一種經典自行車，有公路車也有登山車的形式。

### 手踏車（Hand Cycle）與三輪車

一台三個輪子的自行車（三輪車），通常由運動員連結起來，前方

配備有一個輪子後面有兩個輪子。這讓不易平衡的運動員可以安全地騎乘自行車。手踏車是一種三輪車，有標準的自行車驅動鏈條，以及標準的自行車曲柄。手踏車的操作方式，是僅以上半身來踩踏以及變速。

## 踏板

踏板有三種型式：平台式，有腳趾勾片與固定帶的平台式踏板，以及無勾片式。教練應鼓勵使用腳趾勾片與固定帶踏板的運動員升級的無勾片的踏板。雙側的登山車踏板是最容易上手的，且可以與登山車鞋或是旅行自行車鞋搭配使用，行走時很安全且舒適。

## 輪胎

輪胎有各種寬度、直徑以及胎紋。每種輪胎，以及各自對應的胎壓，具有各自不同的特性。窄的高壓輪胎，滾動的阻力最小。對使用登山車的運動員來說，高壓的平滑胎紋輪胎騎乘柏油路是最有效率的。教練要鼓勵運動員準備正確尺寸的備用內胎，以防爆胎。

## 坐墊包

自行車運動員要為訓練時的小機械問題做好準備。運動員的自行車應該要有一個小的坐墊包，裡面放幾個基本的工具。以下列出工具的項目。

## 基本的坐墊包

| 項目 | 數量 |
|------|------|
| 備用內胎 | 最少 1 個、2 個，或更多。 |
| 撬杠 | 2 個或 3 個。 |
| 證件 | 有姓名及電話號碼的卡片。 |
| 緊急補胎組（補胎片） | 1 組，但要購買額外的補胎膠水。 |
| CO2 高壓氣瓶（幫洩氣的輪胎打氣） | 1 個打氣機，3 個氣瓶。 |

## 工具包

- 隨身工具箱或是工具包
- 雙頭車輻扳手
- 移除飛輪的工具
- 如果是使用 Hyperglide 型號的飛輪，攜帶拆飛輪扳手（Freehub lockring tool）
- 鏈條刀（Chain whip）
- 鏈條工具
- 調整撥鏈器的螺絲起子
- 曲柄螺栓把手（3/8" 驅動棘輪，有不同的尺寸的套筒）；曲柄卸除器
- 六角扳手組：3、4、5，以及 6mm；特定部位可能會需要 7 以及 8mm
- 扳手組，特別是 8、9 和 10mm 的；可調式板手（6 及 12 吋的）
- 踏板扳手（不要用 cone wrench 來取代踏板扳手）
- 魯班尺（用來量測位置改變情形）
- 錘球（只是綁著一條線的重塊，一樣是用來量測位置改變狀況）
- 馬克筆（用來標示輪胎、車衣、內衣等等）

- 直立式自行車打氣組（需要能符合兩種氣嘴：Schrader 和 Presta）
- 備用輪胎及內胎
- 座管夾器螺帽（備用）
- 鏈條潤滑劑，自行車油
- 絕緣膠帶
- 安全別針

## 裝備配件

- 自行車電腦
- 車架打氣筒或是 CO2 高壓氣瓶打氣筒
- 三角錐（指揮交通以及標示）
- 碼表
- 板夾
- 口哨
- 保溫冰桶
- 急救箱
- 長柄刷
- 布膠帶

# 自行車術語詞彙表

| 名詞 | 定義 |
| --- | --- |
| 有氧 | 以身體的氧氣需求可以持續被滿足的強度來運動。這個強度可以維持很長的時間。 |
| 無氧 | 運動強度使得身體的氧氣需求無法被滿足。這個強度只能維持短暫的時間。 |
| 彎中點 | 彎道角度最大的地方，進入彎道轉變成離開彎道。 |
| 攻擊 | 突然加速離開其他騎士。 |
| 撞牆期 | 肌肉氧氣耗盡而導致的嚴重疲乏，是因為在比賽中沒有進食或是喝水所造成的。 |
| 中軸 | 車架安裝大盤的位置，包括軸、碗，以及傳統大盤的培林，或是封閉式培林大盤的卡匣。 |
| 煞車卡鉗 | 在手把上拉扯煞車線，啟動煞車的桿子。 |
| 煞車桿 | 在不只一種齒輪的自行車上，連接到手把，控制前後輪煞車的機械構造。 |
| 煞車皮 | 連接到煞車上的橡皮墊，在煞車時夾住輪圈。 |
| 煞變把套 | 套在剎車卡鉗上的橡皮，所以「騎在煞變把套上」指的是騎乘時雙手靠在煞變把套上。 |
| 兔子 | 領騎者，或是脫離主集團的一群騎士；在主集團與「兔子」中間的騎士或是一群騎士叫做追趕集團。 |
| 追上差距 | 離開主集團前面的部分，趕上路上的「兔子」。 |
| 集團 | 比賽時車手集中的行進集團；也叫做「group」、「pack」、「field」或是「peloton」。 |
| 線剪 | 剪纜線的器材，刀面像是剪刀一般作用，用來把煞車或是變速線剪整齊。 |
| 踏頻 | 每分鐘踩踏的圈數。 |
| 飛輪 | 裝在後花鼓上的齒輪組；也稱作「freewheel」，「cluster」或是「block」。 |
| 鏈條 | 把後輪與前側鏈條盤片連結起來的柔軟金屬物。鏈條會把踏板上的力量傳遞到後輪上。 |
| 齒盤 | 大盤上面的一個飛輪；也稱作盤片。 |
| 鏈條盤片 | 前車輪齒輪上驅動鏈條的壯志。一至三變速的自行車會有 1 個鏈條盤片，二至十六變速的自行車，會有 2 個鏈條盤片。大於十六變速的自行車（旅行自行車與登山車）會有 3 個鏈條盤片。 |
| 後下叉 | 從中軸延伸到後叉端的小車管。 |

| 名詞 | 定義 |
|------|------|
| 鏈條工具 | 從鏈條其中一個連接處穿過去而斷開鏈條的工具。 |
| 皮革襯墊 | 車褲內層柔軟、具吸水力、輕薄的褲檔襯墊，穿著時會貼著肌膚。 |
| 追趕者 | 主集團前方一群想要抓到「兔子」的騎士。 |
| 環行 | 在一場比賽中會騎乘 2 次或大於 2 次的路線。 |
| 扣片 | 在車鞋鞋底跟踏板結合的金屬或是塑膠裝置。 |
| 外胎 | 內胎以外的輪胎部位，且這部分因壓力而撐開抓住輪圈的邊緣，像汽車輪胎那樣。 |
| 無勾片踏板 | 這個踏板設計是為了要讓有扣片的鞋子使用。腳掌藉由把扣片連接到無勾片的踏板上，固定在上面。 |
| 鉗齒輪 | 在後輪飛輪上的一個飛輪。 |
| 大盤 | 一組曲柄桿。 |
| 公路繞圈賽 | 長約一英里或更短的，集體起跑的多圈賽。 |
| 自行車手套 | 類似划船或是高爾夫手套的無指手套，但在手掌有襯墊，讓運動員手掌在手把上時較為舒適，以及在車禍時保護手掌。 |
| 越野自行車賽 | 在多為非柏油路面且有障礙物迫使騎士下車的道路上，所舉辦的夏季或冬季賽事。 |
| （前後）撥鏈器 | 把鏈條從一個齒輪移動到另一個齒輪的機械構造。前撥鏈器把鏈條移動至二到三個鏈條盤片之中，而後撥鏈器在多達 8 個齒輪之間移動鏈條。 |
| 撥鏈器調整器 | 變速線進入後撥鏈器的一個塑膠或是金屬筒狀物。左轉或是右轉，會調整撥鏈器在飛輪上相對於鉗齒輪的懸掛位置。鉗撥鏈器通常是藉由調整變速線連接來改變位置。前後撥鏈器的螺絲設定會決定整體活動範圍。 |
| 排到低檔 | 變速成較低速的齒輪：後方鉗齒輪換成更大的，前方齒盤轉換成較小的。 |
| 下管 | 前叉碗底部往下延伸到中軸的車管。 |
| 擋風 | 擋風，或是緊接在其他騎士後方的滑流裡面騎乘（由前方騎士移動空氣產生的氣袋），以降低風阻。這會讓第二位騎士能夠以較少的力氣去維持車速。一個騎在擋風區的騎士可以省下高達 25% 的體力，且在比結束時精神更好。 |
| 傳動系統 | 直接參與輪子轉動過程的零件：鏈條、曲柄以及飛輪。 |
| 後叉端 | 後上叉與後下叉的交界處，叉狀末端有開口狀固定處，承接車輪的軸。 |
| 下把把位 | 下彎手把的下方部位，也稱作鉤位。 |

| 名詞 | 定義 |
|------|------|
| 側向躲風 | 在側風時所使用的一種輪車方式：騎士為了消除風阻而在前方騎士的擋風側排起隊伍，因此輪車列會越過道路，與道路呈一夾角或是梯型。 |
| 測功計 | 長得像健身自行車的設備，可以調整阻力，於生理測試或是室內訓練中使用。 |
| 餵食區 | 在賽道上可以遞東西還有飲料給車手的指定區域。習慣上要從右方餵食，因為大部分的車手是右撇子（對左撇子很不利）。 |
| 場地衝刺 | 主集團車手向終點線衝刺。 |
| 固定齒輪車 | 使用單一齒盤以及單一後齒輪，沒有飛輪機制的一種直接驅動力量的傳遞方式。用在場地自行車上，這些自行車沒有後撥鏈器，也沒有剎車，利用踏板往後的壓力來減速。也會用在滾筒練習台或是公路訓練自行車上，提升踩踏技術。 |
| 腳剎車 | 當踏板反向踩踏時可以停止後輪的機械構造。腳踏車出現在單速的自行車上。 |
| 車架 | 自行車的框架。車架由各種材料製成，包括鋼、鋁、鈦以及碳纖維。 |
| 飛輪 | 數個齒輪盤一起連接到後輪，提供多種齒輪的選擇。 |
| 前叉 | 從頭管往下跨過前輪伸到前軸的自行車車架零件。 |
| 差距 | 當一個騎士掉出前方騎士的擋風區，通常是因為前方騎士突然加速，或是因為疲勞。 |
| 齒輪 | 驅動鏈條的齒狀輪盤（有時稱作盤片）或稱「ring」。 |
| 變速桿 | 經由啟動前後撥鏈器而變速的槓桿。 |
| 速套件 | 包括曲柄、剎車、剎車卡鉗、以及前後撥鏈器。 |
| 重擊 | 以大齒輪費力騎乘。 |
| 手把 | 自行車用來轉向的構造。 |
| 手把膠布 | 用來包住手把的膠帶。通常是用塑膠、軟木塞或是布料製成的。有些種類會有泡棉墊。 |
| 前叉碗 | 在頭館頂端與底部的培林，豎管跟前後差固定的地方；應該要調整得合身才不會動來動去，但不能緊到被卡住。 |
| 頭管 | 車架前面垂直的短車管。 |
| 安全帽 | 戴在頭上保護頭部免於受傷。特殊奧林匹克運動員以及教練所配戴的安全帽必須符合美國國家標準局的標準（ANSI Z 90.4）。 |
| 室內練習台 | 用來室內訓練或是在比賽前熱身。連到室內練習台的自行車要把前輪或是後輪拆掉。因為運動員可以用他／她自己的自行車，因此室內練習台是一種不錯的練習工具。 |

| 名詞 | 定義 |
|------|------|
| 間歇訓練 | 運動與休息時段交替的一種訓練方式。 |
| 強騎 | 用力快速踩踏一段時間。 |
| 跳騎 | 離開坐墊用力加速。 |
| 帶衝手 | 一位車手把另一位車手引導到他的滑流中,讓那位車手可以在最後幾公尺衝刺的時候可以從這位車手旁邊彈射出去。在任何集團衝刺中,第一位騎到車列中的這位騎士被稱為帶衝手。 |
| 紅燈籠 | 分段賽中最後一位完賽的選手,被視為一種榮譽,因為需要一些技術還有計畫,才能最後一位完賽,但仍不被時間限制踢出比賽。 |
| 集體起跑 | 全部參賽者同時離開起跑線的賽事。 |
| 一分鐘騎士 | 計時賽時在你前方的起跑的騎士,因為大部分的計時賽起跑時每人間隔一分,但不管實際的間隔多少,都可以這樣指稱。 |
| 機動車車速 | 騎乘在機車或是其他車輛後方;通常是為了速度訓練,但場地賽還有道路賽也有些機動車車速的競賽。 |
| 擋泥板 | 擋泥板。 |
| 掉隊 | 跟不上主集團行進速度的車手。 |
| 過度變速 | 在某個地形上使用對某個人體能而言過大的齒輪。 |
| 氧債 | 為了補償無氧訓練造成的氧氣耗損而所需要攝入的氧氣量。 |
| 輪車 | 一列騎士中,領頭的騎士在固定的時間後離開車列,回到最後方的位置,然後繼續輪回到車列前方。騎士前面之前的騎士一離開後,騎士就可以離開車列前方,因此製造出另外一整列要回到後方位置的騎士;也可以呈雙列輪車列的方式騎乘,前方兩位騎士同時往左邊還有右邊離開車列。 |
| 峰速 | 達到最高運動表現的一個短暫時期。 |
| 踏板 | 驅動齒盤的足部槓桿。 |
| 主集團 | 競賽中車手集中的主要團體。 |
| 夾胎 | 當車輪撞到堅硬物品時,輪胎卡住內胎而造成的輪胎內部穿刺。 |
| 氣嘴 | 用螺絲拆卸蓋子的小金屬窄氣嘴,常見於輕量型的競賽車輪(另見 Schrader Valve 氣嘴)。 |
| 領先獎(Prime) | 在公路繞圈賽中給特定圈數的領先者,或是最先到達道路賽指定地點的騎士;發音為 "preem"。 |
| psi | 每平方公吋磅數的縮寫(pounds per square inch),輪胎胎壓的單位。 |
| 拉速度 | 輪車時輪流待在前方;脫離主集團。 |
| 離開 | 在拉完速度後移到車列旁邊。 |
| 阻力訓練器 | 原地訓練的器材,自行車夾在上面。 |

| 名詞 | 定義 |
|------|------|
| 輪圈 | 車輪外側的部分，內胎繞著輪圈充氣起來。大部分的輪圈是由鋁製成的。輪胎覆蓋住內胎，把內胎固定在輪圈上。 |
| 道路賽／集體出發比賽 | 道路賽是在公共道路上舉辦的集體出發賽事（集體出發指的是所有人參賽者在同一地點同一時間出發的賽事）。這些賽事有些是 A 點到 B 點的賽事，或是一圈 25 英里（40 公里）長的環狀路線。 |
| 道路擦傷 | 摔車導致的皮膚擦傷，最常見的自行車傷害。 |
| 滑輪式練習台 | 由三個滑輪組成的室內訓練器材（依滑輪的種類而定，直徑約 3-12 寸），滑輪安裝在置於平坦表面的長方形架上。 |
| 坐墊 | 自行車的座位。 |
| 車痤瘡 | 褲檔部位的皮膚問題，因為踩踏而導致的破皮。 |
| Schrader 氣嘴 | 跟汽車輪胎相同的內胎氣嘴。 |
| 坐墊位置 | 座位與中軸的距離；座位與中軸的前後相對位置；座位前傾與後傾的情形。 |
| 後上叉 | 從座位往後叉端往下延伸的小車管。 |
| 座管 | 從座位往中軸向下延伸的車管。 |
| 縫合胎 | 內胎周圍縫合起來然後黏到一個稍微凹進去的鋼圈中，也稱作「管胎（tubular）」。 |
| 變速把 | 現代的變速內建在跟煞車卡鉗裡面；在這之前，變速把的位置在下管頂端附近。 |
| 坐在輪子上 | 騎乘在某人的擋風區中。 |
| 快拆拉桿 | 做出凸輪槓桿動作的一支金屬桿，把輪子的花鼓卡到車架裡面。 |
| 滑流 | 騎乘中的騎士後方保護性氣流的區域。 |
| 高速踩踏 | 以高踏頻踩踏的能力。 |
| 輻條 | 細的支撐性金屬桿，組成車輪的內部，讓車輪保持圓形（或是成型）。 |
| 輻條扳手 | 這種扳手的設計中，具有吻合輻條頂端的溝槽。 |
| 飛輪 | 齒盤或是鉗齒輪的一個概括的名詞。 |
| 健身自行車 | 用於室內訓練。這個器材具有不同程度的阻力。 |
| 豎管 | 從前叉碗的頂端延伸到手把的桿子。 |
| 孤注一擲 | 非常早期就開始衝刺。 |
| 節奏騎 | 以輕快的踏頻快速騎乘。 |
| 胎紋切割 | 當整個輪胎殼被刺穿了一個或更多個胎紋（該把輪胎扔掉了）。 |

| 名詞 | 定義 |
|------|------|
| 計時賽 | 計時賽讓個別騎士與時鐘競賽，目標是在最短的時間內騎完競賽距離。競賽路線長度通常是 500 公尺到 1 公里，選手來回騎乘直到 5 公里與 25 公里之間。 |
| 輪胎 | 保護內管。輪胎有各種尺寸，依輪圈的大小而異。登山車的輪胎通常「凸凸」的，而公路車的輪胎胎紋平滑。 |
| 上管 | 從座位延伸到前叉碗頂端的車管。 |
| 腳趾勾片 | 連接到踏板上的腳趾零件，把腳固定在踏板上。 |
| 內胎 | 內胎包住空氣，讓輪胎保持充氣。 |
| 折返點 | 車手在計時賽來一回的路線上反轉方向處。 |
| UCI | 國際自行車總會，自行車比賽的國際聯盟。 |
| 排到高檔 | 變速到教高速的齒輪，較小的齒輪，或是更大的齒盤。 |
| 自行車場館 | 自行車競賽的加蓋場地。 |

# 特殊奧運自行車教練指南

## 自行車快速入門指南目錄

# 計畫自行車訓練的核心元素

每次訓練要包含相同的核心元素。在每個元素所花的時間，會依該次訓練的目標、在賽季的哪個階段、以及該次訓練有多少時間可用而訂定。下面的這些元素要包含在運動員每日的訓練計畫中。更詳細的資訊以及指引，請參閱講述這些元素的章節。

> 熱身
>
> 之前教過的技術
>
> 新的技術
>
> 競賽經驗／特定運動的訓練
>
> 收操
>
> 提供關於運動表現的回饋

計畫訓練的最後一步是設計運動員實際要做的動作。記住：用主要元素設計訓練時，循著這個順序，可以讓運動員逐漸提升活動量。

1. 簡單到困難

2. 慢到快

3. 已知到未知

4. 一般性到專項性

5. 開始到結束

為了讓運動員能得到有效的教學及學習的經驗，教練要讓訓練可以：

- 確保運動員的安全
- 每個人都能聽到指令
- 每個人都能看到示範動作
- 每個人都有機會儘量練習
- 每個人都有機會規律地檢查技術有沒有進步

在路上學習還有練習技巧的流程，與要學習的技術、自行車運動員的技術程度、訓練區域的大小、地形及可使用的道路範圍、以及運動員的數量、體型及年紀有關。

　　不管使用哪種教學方法，以下是讓學習成效良好的一些建議：.

1. 如果可能的話，在示範動作時，運動員要背對太陽以及背對會讓人分心的東西。

2. 在示範動作及練習時，運動員一定要能看到以及聽到指令。

3. 運動員要有機會針對即將學習的技術，在身體及精神方面去適應自行車以及道路。

4. 教練要把大部分的練習時間分給技術訓練。要包括分析每個運動員的動作，以及為了運動員的進步，給出適當且即時的建議。

5. 自行車運動員必須要有不會被其他運動員影響的廣大空間。

# 執行安全訓練的要訣

規劃訓練時最重要的一點就是要照顧運動員的安全及健康。藉著採取適當的安全措施，包括提供安全的環境，來竭盡所能地預防意外事件。雖然風險可能不大，教練有責任確保運動員／家長／監護人知道且了解自行車運動帶有的風險。

---

☐ 先建立清楚的行為規定，然後執行它們：

手不要亂摸。

聽教練講話。

當聽到口哨聲或是下令停止─先確認可以安全地停止，還有確認你附近的自行車運動員知道你要停止了─絕對不要在後面有人的時候突然停止。

停、看、聽。

☐ 在離開訓練區域前要詢問教練。

☐ 天氣不好的時候，要有計畫能立刻讓運動員遠離嚴峻的氣候。

☐ 確認運動員每次練習時都有帶水。

☐ 檢查你的急救箱；把缺的用品補好。

☐ 確認教練有每個運動員的醫療資料及緊急聯絡資訊。

☐ 選擇一個安全的訓練區域。不要在有碎石、減速坡、或是有坑洞的柏油路這種會讓人受傷的地方練習。

☐ 在訓練區域檢視一遍，注意有沒有路緣或障礙物，用安全錐把它們標示起來。把碎石掃起來。

☐ 如果在開放道路上訓練，預先騎乘路線，確保狀況安全。

☐ 複習你的急救及緊急措施。在訓練還有比賽的時候，要有接受過急救及心肺復甦術的人在運動場上或是在很靠近運動場的地方。

☐ 在首次練習時，要建立清楚的行為規則。

☐ 在每次練習的一開始，正確地熱身及伸展，以避免肌肉傷害。

---

☐ 以訓練來提升自行車運動員的整體體能程度。體能好的自行車運動員比較不容易受傷。讓你的訓練充滿活力。

☐ 在進展到開放道路騎乘前，運動員必須能先確實掌握〈基礎技術〉中列出的技術。

☐ 建議教練與運動員的比例為一比五。道路騎乘的建議比例則是一比一。教練應與運動員一同騎乘，且能隨時指出潛在危險以及交通規則。

☐ 規則，例如隨時遵守所有交通規則，要說明且執行：
永遠騎在道路右側。
遵守所有交通號誌。
在路口要讓路。

☐ 使用正確的交通手勢—要確認你的運動員知道如何使用它們。

☐ 要跟所有運動員說明狀況，包括從訓練開始，訓練時每隔一段固定的時間，以及訓練結束時。

☐ 騎乘自行車時，所有的自行車運動員與教練務必要全程配戴安全帽，且雙手放在把手上。

☐ 教練要在每次練習前執行裝備檢查：
安全帽要配戴正確，檢查是否有裂痕以及帶子有沒有功能正常。
衣服不能妨礙騎乘。
頭髮以及／或眼鏡不該干擾運動員的視線。
車架與前叉狀況良好。
自行車座位（座墊），把手及豎管有鎖緊。
配件（例如水壺架、打氣筒、座墊包或是電腦）有正確固定好。
煞車功能正常（煞車皮牢牢夾住輪框）。
輪胎有充飽氣，輪子正確置於中央。
快拆桿或是輪子的螺帽有鎖好。
鏈條有足夠的潤滑，齒輪工作正常。

# 自行車服裝

　　所有參賽者都要遵守正確的自行車服裝。每種運動都有特定的服飾，自行車也不例外。教練要幫助運動員了解為何需要正確服飾，以及了解怎樣穿讓你保持健康的服飾。與運動員討論穿著合身服飾的重要性，以及在訓練及競賽時，特定種類服飾的優點與缺點。例如，長的牛仔褲或是短的牛仔褲，對於任何自行車活動來說，都不是適當的自行車服裝。跟運動員說明，當他們穿著會限制他們動作的牛仔褲時，他們無法拿出最佳表現。帶運動員去觀看當地的自行車賽，或是看自行車的影片，指出參賽者穿了那些服飾。你要以身作則，在訓練及比賽時穿著正確的服飾。

　　與你社區中的自行車經銷商合作，可以為你的訓練計劃帶來幫助。去參觀數個在地自行車店，思考哪個最能協助你的訓練計劃。你不是在找「贊助商」，而是要找一個最能幫助運動員的可靠商家。這個商店不需要是鎮上最大的一家店，但需要有最能了解特殊奧林匹克運動員需求的員工。有些店家可能可以給你比較優惠的價格，但記得，經商的人給予服務是需要收費的。記得跟特殊奧林匹克公司問問看有沒有團體折扣。另外，很多郵購的店家有提供自行車配件與器材的折扣。

## 安全帽

　　安全帽要符合主辦單位國家管理單位的安全標準。安全帽的配戴極為重要。鬆垮垮的安全帽可能會妨礙視線，且在跌倒時無法保護運動員，而太小的安全帽會讓運動員真的頭痛。安全帽的前緣應該要位於眉毛正上方。安全帽的帶子的緊度，須能讓安

全帽在遭受撞擊時不會從額頭滑到後方去。前方與後方帶子的交界應該剛好在耳朵下方。要查閱一下製造商的說明書。最後，安全帽在帽殼的前方、側邊、頂端以及後方，應該要有通氣孔。如果曾在摔車事件中撞到頭，安全帽應該要接受檢查，如果有需要的話，要換掉安全帽。

## 上衣／車衣

　　有袖子的上衣或是車衣，務必蓋到肩膀，且應該要能讓肩膀及背部能舒暢且自由活動。T恤如果有紮進去的話，也是可以穿的。記得，寬鬆的衣服可能會卡在自行車移動中的零件或是坐墊（座位）。車衣讓運動員免於衣服被卡住的狀況，而且有口袋可以攜帶證件、鑰匙、以及食物；明亮的材質則可以增加可見度。

## 短褲

　　萊卡材質的彈性短褲可以支撐腿部上段，坐墊可以增加舒適度且減少摩擦破皮，且讓腿部及髖部自由活動。自行車短褲的設計是穿著時不穿底褲的。如果沒有自行車短褲的話，正確合身的，長度到大腿中間的短褲，也是可以接受的。不管你的運動員選擇穿著萊卡車褲或是其他短褲，必須在每次訓練後清洗短褲，以維持良好的衛生狀況。

## 襪子

自行車運動員應該要穿短襪，最好是蓋到腳踝的襪子。

## 鞋子

雖然慢跑鞋也可以騎自行車，一位認真騎乘自行車的運動員應該要投資一雙車鞋。堅硬的鞋底以及扣片，會讓運動員踩踏時提昇效率。鞋子大小應該要能穿起來舒適，不能束縛或是限制血液循環。運動員試穿車鞋時，應該要穿著騎乘時會穿著的那種襪子。

公路車鞋可能會比較有效率（因為堅硬且輕量），但登山車鞋或是旅行自行車鞋可能會更實用，因為這些鞋子一般穿起來比較舒適且比較容易穿著走路。

## 手套

自行車手套讓運動員在握自行車手把時比較舒適，且在摔車時可以保護雙手，而且應該隨時配戴著。

## 冷天／雨天服裝

教練與運動員要隨時準備好面對嚴峻的天氣。有些衣服帶著會很好用，例如：

- 頭帶
- 自行車雨衣
- 保暖內衣
- 自行車緊身褲或是保暖腿套

- 自行車外套或是保暖臂套
- 全指的自行車手套
- 鞋套

## 配件

- 所有運動員都建議配戴護目鏡，且對於配戴隱形眼鏡的運動員來說是必要的。

- 像是 CamelBak® 的水袋，對於正確的補水或許會很有幫助。

# 自行車裝備

　　自行車運動需要以下列出來的運動器材。運動員須能辨識且了解特定運動的裝備是怎麼運作的，且會如何影響他們的運動表現。在你展示每項裝備時，要你的運動員說出名稱－還有說出每項配備的用途。要強化這個能力的話，讓運動員選出他們的運動項目會用到的器材。

## 自行車

　　特殊奧林匹克運動員會使用數種不同的自行車。你的運動員可能會使用以下任一種自行車：

### 公路車

　　下把把位能讓運動員以更符合流體動力學的方式騎乘。一般來說，公路車有較窄、較高壓的輪胎，更適合騎乘於柏油路。公路車可以有多達 30 種不同的變速。公路車最適合有較高技術程度的運動員。

### 登山車或是混合動力自行車（Hybrid Bicycle）

　　這些自行車的直立手把讓人可以以較舒適的姿勢騎乘。一般來說，這些自行車的輪子比較重，且輪胎有比較多胎紋，在柏油路上速度會比較慢。前方飛輪通常會有 3 個齒盤，最高可以有 27 種變速。

### 協力車

　　這是給兩個人騎乘的一種經典自行車，有公路車也有登山車的形式。

### 手踏車（Hand Cycle）與三輪車

　　一台三個輪子的自行車（三輪車），通常由運動員連結起來，前方

配備有 1 個輪子後面有 2 個輪子。這讓不易平衡的運動員可以安全地騎乘自行車。手踏車是一種三輪車，有標準的自行車驅動鏈條，以及標準的自行車曲柄。手踏車的操作方式，是僅以上半身來踩踏以及變速。

## 踏板

　　踏板有三種型式：平台式，有腳趾勾片與固定帶的平台式踏板，以及無勾片式。教練應鼓勵使用腳趾勾片與固定帶踏板的運動員升級的無勾片的踏板。雙側的登山車踏板是最容易上手的，且可以與登山車鞋或是旅行自行車鞋搭配使用，行走時很安全且舒適。

## 輪胎

　　輪胎有各種寬度、直徑以及胎紋。每種輪胎，以及各自對應的胎壓，具有各自不同的特性。窄的高壓輪胎，滾動的阻力最小。對使用登山車的運動員來說，高壓的平滑胎紋輪胎騎乘柏油路是最有效率的。教練要鼓勵運動員準備正確尺寸的備用內胎，以防爆胎。

## 坐墊包

　　自行車運動員要為訓練時的小機械問題做好準備。運動員的自行車應該要有一個小的坐墊包，裡面放幾個基本的工具。以下列出工具的項目。

## 基本的坐墊包

| 項目 | 數量 |
|------|------|
| 備用內胎 | 最少 1 個、2 個，或更多。 |
| 撬杠 | 2 個或 3 個。 |
| 證件 | 有姓名及電話號碼的卡片。 |
| 緊急補胎組（補胎片） | 1 組，但要購買額外的補胎膠水。 |
| CO2 高壓氣瓶（幫洩氣的輪胎打氣） | 1 個打氣機、3 個氣瓶。 |

## 工具包

- 隨身工具箱或是工具包
- 雙頭車輻扳手
- 移除飛輪的工具
- 如果是使用 Hyperglide 型號的飛輪，攜帶拆飛輪扳手（Freehub lockring tool）。
- 鏈條刀（Chain whip）
- 鏈條工具
- 調整撥鏈器的螺絲起子
- 曲柄螺栓把手（3/8" 驅動棘輪，有不同的尺寸的套筒）；曲柄卸除器。
- 六角扳手組：3、4、5 以及 6mm；特定部位可能會需要 7 以及 8mm。
- 扳手組，特別是 8、9、和 10mm 的；可調式板手（6 及 12 寸的）。
- 踏板扳手（不要用 cone wrench 來取代踏板扳手）
- 魯班尺（用來量測位置改變情形）
- 錘球（只是綁著一條線的重塊，一樣是用來量測位置改變狀況）。
- 馬克筆（用來標示輪胎、車衣、內衣等等）
- 直立式自行車打氣組（需要能符合兩種氣嘴：Schrader 和 Presta）
- 備用輪胎及內胎。

- 座管夾器螺帽（備用）
- 鏈條潤滑劑，自行車油。
- 絕緣膠帶。
- 安全別針。

## 裝備配件

- 自行車電腦
- 車架打氣筒或是 CO2 高壓氣瓶打氣筒
- 三角錐（指揮交通以及標示）
- 碼表
- 板夾
- 口哨
- 保溫冰桶
- 急救箱
- 長柄刷
- 布膠帶

# 指導自行車規則

指導自行車規則的最佳時機是練習的時候。完整的自行車規則清單，請參考官方版〈特殊奧運自行車運動規則〉。身為教練的你以及選手們必須：

- 知道練習以及競賽時的適當制服／服裝。
- 了解選手要參加的競賽項目內容。
- 知道分組的程序包含性別、年齡、以及預賽成績。
- 理解教練在特殊狀況可以調整預賽成績。
- 認識場賽道（設計、賽道圈數等等）。
- 知道要注意裁判長的指示。
- 知道不可以妨礙其他運動員。
- 遵從官方版特殊奧林匹克運動自行車規則以及國際自行車總會的規則（UCI Rules）。

## 融合運動® 規則

融合運動自行車僅適用於協力車計時賽，請參考官方版〈特殊奧運自行車運動規則〉。

## 抗議程序

抗議程序由競賽規則來管理。競賽管理小組的角色是執行這些規則。身為一個教練，你對你的選手及隊伍的責任是，在你的運動員比賽時，你覺得違反官方版〈特殊奧運自行車運動規則〉時，對任何行為或是活動提出抗議。不要因為你還有你的運動員沒有得到想要的結果而抗議，這是極為重要的。比賽前，跟競賽隊伍談一談，學習該項競賽的抗議程序。簡單詢問情況常常就能改正官方計時或是計分的錯誤，而無需提出完整的抗議。跟官方人員合作是很重要的。並非所有的狀況都需要

發布正式的抗議。

- 抗議表格都應該填寫完整且應該包含以下的資訊：
- 日期
- 遞交的時間
- 運動－活動項目－年齡分組－分組
- 運動員的姓名－隊伍
- 抗議理由（標註違反哪項〈特殊奧運自行車運動規則〉或是〈國際自行車總會規則〉）
- 總教練簽名

# 自行車禮儀

在自行車運動中，所有運動員都應該了解安全第一的重要性。你的運動員應該單列騎乘還是兩兩騎乘？身為一位教練，你必須依訓練的道路來決定怎樣對你的運動員而言是最安全的。兩種方式都要練習。

騎乘時，運動員絕不可配戴耳機或是使用手機。運動員要學習辨識交通噪音以及在車輛從後方靠近時警示集團。例如向大家公告「後方車輛」，這樣就能警告集團。要練習在車輛靠近時你應該做甚麼。

如果集團中有人爆胎了：騎乘前要制定計畫，這樣大家才知道那些人要停下來，那些人不用等。但是記得，要教你的運動員，在比賽時不要等待其他運動員！

水壺：運動員要有自己的水壺，而且要清楚標示姓名——不可以共用水壺。要教運動員以及他們的照顧者，如何在每次使用後，正確清潔水壺；一個禮拜使用一次漂白水，讓水壺保持乾淨。如果運動員要去騎自行車，不管騎乘時間多久，你都要跟運動員從水壺喝水的方法一起練習。不具有正確喝水技巧的運動員，自行車上面不該放水壺，也就是，教練要幫他們帶水壺。運動員也應該要被教育，不可以在騎乘時亂丟水壺。

在集團中領騎的運動員在看到路上障礙物時，應該要警告其他運動員。可以用口頭或是用手勢。看到前方道路有障礙物時，依照障礙物所在的位置，領騎的運動員要指向左邊或是右邊。對於某些運動員來說，因為平衡或是控制力的疑慮，這樣的作法是不切實際的；碰到這種狀況時，教練應該要制定口頭警示障礙物的計畫，且跟他的運動員一起練習。

吐口水以及擤鼻涕：自行車運動員在騎乘時可能會需要吐口水及擤鼻涕。有些運動員可能無法把一隻手從手把離開然後擤鼻涕。身為教練的工作是，與各個運動員研究吐口水還有擤鼻涕的正確技巧。在競賽的

狀態下，運動員要考量到其他參賽者。

上廁所：提醒運動員競賽至少 30 分鐘以前要上廁所。

換衣服：盡可能的狀態下，運動員不該穿著騎乘自行車的服飾抵達會場。運動員應該在訓練或是競賽結束後，盡速換下自行車服飾。競賽或是訓練後，應該要準備乾爽的衣服以便替換。運動員絕不該在公開場合更衣。

在賽道上熱身：運動員只能場地開放的時段於賽道上熱身。運動員應該了解，不一定都能在賽道上以競賽速度練習。運動員要尊重在賽道上練習的其他運動員以及賽道上的工作人員。針對熱身時在賽道上看到的任何潛在危險狀況，運動員都應該要警示比賽官方人員。

## 競賽時

準備：運動員應該在競賽開始最少 20 分鐘以前就要準備好比賽。運動員要知道如何來抵達起跑線，以及遵照官方指引排列。

競賽：運動員要尊重其他運動員，在競賽的任何時刻都不該口出穢言。全程都需安全騎乘；不可以有任何突發或是奇怪的舉動。要教導運動員不要突然從道路的一側移動到另一邊。

比賽結束後：運動員應恭賀一起比賽的其他運動員。

遵從官方人員指示：運動員在熱身與競賽時，應遵守所有官方指令。

響鈴：響鈴表示比賽來到最後一圈。所有的運動員會跟領先的運動員在同一圈結束。如果有運動員騎乘到一半而被告知要停止或是離開賽道，運動員一定要照做。

在賽道上反方向騎乘：**絕對不行！**

前導車：運動員不可以超過前導車。

# 自行車術語詞彙表

| 名詞 | 定義 |
|---|---|
| 有氧 | 以身體的氧氣需求可以持續被滿足的強度來運動。這個強度可以維持很長的時間。 |
| 無氧 | 運動強度使得身體的氧氣需求無法被滿足。這個強度只能維持短暫的時間。 |
| 彎中點 | 彎道角度最大的地方，進入彎道轉變成離開彎道。 |
| 攻擊 | 突然加速離開其他騎士。 |
| 撞牆期 | 肌肉氧氣耗盡而導致的嚴重疲乏，是因為在比賽中沒有進食或是喝水所造成的。 |
| 中軸 | 車架安裝大盤的位置，包括軸、碗，以及傳統大盤的培林，或是封閉式培林大盤的卡匣。 |
| 煞車卡鉗 | 在手把上拉扯煞車線，啟動煞車的桿子。 |
| 煞車桿 | 在不只一種齒輪的自行車上，連接到手把，控制前後輪煞車的機械構造。 |
| 煞車皮 | 連接到煞車上的橡皮墊，在煞車時夾住輪圈。 |
| 煞變把套 | 套在剎車卡鉗上的橡皮，所以「騎在煞變把套上」指的是騎乘時雙手靠在煞變把套上。 |
| 兔子 | 領騎者，或是脫離主集團的一群騎士；在主集團與「兔子」中間的騎士或是一群騎士叫做追趕集團。 |
| 追上差距 | 離開主集團前面的部分，趕上路上的「兔子」。 |
| 集團 | 比賽時車手集中的行進集團；也叫做「group」、「pack」、「field」或是「peloton」。 |
| 線剪 | 剪纜線的器材，刀面像是剪刀一般作用，用來把煞車或是變速線剪整齊。 |
| 踏頻 | 每分鐘踩踏的圈數。 |
| 飛輪 | 裝在後花鼓上的齒輪組；也稱作「freewheel」，「cluster」或是「block」。 |
| 鏈條 | 把後輪與前側鏈條盤片連結起來的柔軟金屬物。鏈條會把踏板上的力量傳遞到後輪上。 |
| 齒盤 | 大盤上面的一個飛輪；也稱作盤片。 |
| 鏈條盤片 | 前車輪齒輪上驅動鏈條的壯志。一至三變速的自行車會有 1 個鏈條盤片，二至十六變速的自行車，會有 2 個鏈條盤片。大於十六變速的自行車（旅行自行車與登山車）會有 3 個鏈條盤片。 |
| 後下叉 | 從中軸延伸到後叉端的小車管。 |

| 名詞 | 定義 |
|------|------|
| 鏈條工具 | 從鏈條其中一個連接處穿過去而斷開鏈條的工具。 |
| 皮革襯墊 | 車褲內層柔軟、具吸水力、輕薄的褲檔襯墊,穿著時會貼著肌膚。 |
| 追趕者 | 主集團前方一群想要抓到「兔子」的騎士。 |
| 環行 | 在一場比賽中會騎乘 2 次或大於 2 次的路線。 |
| 扣片 | 在車鞋鞋底跟踏板結合的金屬或是塑膠裝置。 |
| 外胎 | 內胎以外的輪胎部位,且這部分因壓力而撐開抓住輪圈的邊緣,像汽車輪胎那樣。 |
| 無勾片踏板 | 這個踏板設計是為了要讓有扣片的鞋子使用。腳掌藉由把扣片連接到無勾片的踏板上,固定在上面。 |
| 鉗齒輪 | 在後輪飛輪上的一個飛輪。 |
| 大盤 | 一組曲柄桿。 |
| 公路繞圈賽 | 長約一英里或更短的,集體起跑的多圈賽。 |
| 自行車手套 | 類似划船或是高爾夫手套的無指手套,但在手掌有襯墊,讓運動員手掌在手把上時較為舒適,以及在車禍時保護手掌。 |
| 越野自行車賽 | 在多為非柏油路面且有障礙物迫使騎士下車的道路上,所舉辦的夏季或冬季賽事。 |
| (前後)撥鏈器 | 把鏈條從一個齒輪移動到另一個齒輪的機械構造。前撥鏈器把鏈條移動至二到三個鏈條盤片之中,而後撥鏈器在多達 8 個齒輪之間移動鏈條。 |
| 撥鏈器調整器 | 變速線進入後撥鏈器的一個塑膠或是金屬筒狀物。左轉或是右轉,會調整撥鍊器在飛輪上相對於鉗齒輪的懸掛位置。鉗撥鍊器通常是藉由調整變速線連接來改變位置。前後撥鏈器的螺絲設定會決定整體活動範圍。 |
| 排到低檔 | 變速成較低速的齒輪:後方鉗齒輪換成更大的,前方齒盤轉換成較小的。 |
| 下管 | 前叉碗底部往下延伸到中軸的車管。 |
| 擋風 | 擋風,或是緊接在其他騎士後方的滑流裡面騎乘(由前方騎士移動空氣產生的氣袋),以降低風阻。這會讓第二位騎士能夠以較少的力氣去維持車速。一個騎在擋風區的騎士可以省下高達 25% 的體力,且在比結束時精神更好。 |
| 傳動系統 | 直接參與輪子轉動過程的零件:鏈條、曲柄以及飛輪。 |
| 後叉端 | 後上叉與後下叉的交界處,叉狀末端有開口狀固定處,承接車輪的軸。 |
| 下把把位 | 下彎手把的下方部位,也稱作鉤位。 |

| 名詞 | 定義 |
|------|------|
| 側向躲風 | 在側風時所使用的一種輪車方式：騎士為了消除風阻而在前方騎士的擋風側排起隊伍，因此輪車列會越過道路，與道路呈一夾角或是梯型。 |
| 測功計 | 長得像健身自行車的設備，可以調整阻力，於生理測試或是室內訓練中使用。 |
| 餵食區 | 在賽道上可以遞東西還有飲料給車手的指定區域。習慣上要從右方餵食，因為大部分的車手是右撇子（對左撇子很不利）。 |
| 場地衝刺 | 主集團車手向終點線衝刺。 |
| 固定齒輪車 | 使用單一齒盤以及單一後齒輪，沒有飛輪機制的一種直接驅動力量的傳遞方式。用在場地自行車上，這些自行車沒有後撥鏈器，也沒有剎車，利用踏板往後的壓力來減速。也會用在滾筒練習台或是公路訓練自行車上，提升踩踏技術。 |
| 腳剎車 | 當踏板反向踩踏時可以停止後輪的機械構造。腳踏車出現在單速的自行車上。 |
| 車架 | 自行車的框架。車架由各種材料製成，包括鋼、鋁、鈦以及碳纖維。 |
| 飛輪 | 數個齒輪盤一起連接到後輪，提供多種齒輪的選擇。 |
| 前叉 | 從頭管往下跨過前輪伸到前軸的自行車車架零件。 |
| 差距 | 當一個騎士掉出前方騎士的擋風區，通常是因為前方騎士突然加速，或是因為疲勞。 |
| 齒輪 | 驅動鏈條的齒狀輪盤（有時稱作盤片）或稱「ring」。 |
| 變速桿 | 經由啟動前後撥鏈器而變速的槓桿。 |
| 速套件 | 包括曲柄、剎車、剎車卡鉗、以及前後撥鏈器。 |
| 重擊 | 以大齒輪費力騎乘。 |
| 手把 | 自行車用來轉向的構造。 |
| 手把膠布 | 用來包住手把的膠帶。通常是用塑膠、軟木塞或是布料製成的。有些種類會有泡棉墊。 |
| 前叉碗 | 在頭館頂端與底部的培林，豎管跟前後差固定的地方；應該要調整得合身才不會動來動去，但不能緊到被卡住。 |
| 頭管 | 車架前面垂直的短車管。 |
| 安全帽 | 戴在頭上保護頭部免於受傷。特殊奧林匹克運動員以及教練所配戴的安全帽必須符合美國國家標準局的標準（ANSI Z 90.4）。 |
| 室內練習台 | 用來室內訓練或是在比賽前熱身。連到室內練習台的自行車要把前輪或是後輪拆掉。因為運動員可以用他／她自己的自行車，因此室內練習台是一種不錯的練習工具。 |
| 間歇訓練 | 運動與休息時段交替的一種訓練方式。 |

| 名詞 | 定義 |
| --- | --- |
| 強騎 | 用力快速踩踏一段時間。 |
| 跳騎 | 離開坐墊用力加速。 |
| 帶衝手 | 一位車手把另一位車手引導到他的滑流中，讓那位車手可以在最後幾公尺衝刺的時候可以從這位車手旁邊彈射出去。在任何集團衝刺中，第一位騎到車列中的這位騎士被稱為帶衝手。 |
| 紅燈籠 | 分段賽中最後一位完賽的選手，被視為一種榮譽，因為需要一些技術還有計畫，才能最後一位完賽，但仍不被時間限制踢出比賽。 |
| 集體起跑 | 全部參賽者同時離開起跑線的賽事。 |
| 一分鐘騎士 | 計時賽時在你前方的起跑的騎士，因為大部分的計時賽起跑時每人間隔一分，但不管實際的間隔多少，都可以這樣指稱。 |
| 機動車車速 | 騎乘在機車或是其他車輛後方；通常是為了速度訓練，但場地賽還有道路賽也有些機動車車速的競賽。 |
| 擋泥板 | 擋泥板。 |
| 掉隊 | 跟不上主集團行進速度的車手。 |
| 過度變速 | 在某個地形上使用對某個人體能而言過大的齒輪。 |
| 氧債 | 為了補償無氧訓練造成的氧氣耗損而所需要攝入的氧氣量。 |
| 輪車 | 一列騎士中，領頭的騎士在固定的時間後離開車列，回到最後方的位置，然後繼續輪回到車列前方。騎士前面之前的騎士一離開後，騎士就可以離開車列前方，因此製造出另外一整列要回到後方位置的騎士；也可以呈雙列輪車列的方式騎乘，前方兩位騎士同時往左邊還有右邊離開車列。 |
| 峰速 | 達到最高運動表現的一個短暫時期。 |
| 踏板 | 驅動齒盤的足部槓桿。 |
| 主集團 | 競賽中車手集中的主要團體。 |
| 夾胎 | 當車輪撞到堅硬物品時，輪圈卡住內胎而造成的輪胎內部穿刺。 |
| 氣嘴 | 用螺絲拆卸蓋子的小金屬窄氣嘴，常見於輕量型的競賽車輪（另見 Schrader Valve 氣嘴）。 |
| 領先獎（Prime） | 在公路繞圈賽中給特定圈數的領先者，或是最先到達道路賽指定地點的騎士；發音為 "preem"。 |
| psi | 每平方公吋磅數的縮寫（pounds per square inch），輪胎胎壓的單位。 |
| 拉速度 | 輪車時輪流待在前方；脫離主集團。 |
| 離開 | 在拉完速度後移到車列旁邊。 |

| 名詞 | 定義 |
|---|---|
| 阻力訓練器 | 原地訓練的器材，自行車夾在上面。 |
| 輪圈 | 車輪外側的部分，內胎繞著輪圈充氣起來。大部分的輪圈是由鋁製成的。輪胎覆蓋住內胎，把內胎固定在輪圈上。 |
| 道路賽／集體出發比賽 | 道路賽是在公共道路上舉辦的集體出發事（集體出發指的是所有人參賽者在同一地點同一時間出發的賽事）。這些賽事有些是 A 點到 B 點的賽事，或是一圈 25 英里（40 公里）長的環狀路線。 |
| 道路擦傷 | 摔車導致的皮膚擦傷，最常見的自行車傷害。 |
| 滑輪式練習台 | 由三個滑輪組成的室內訓練器材（依滑輪的種類而定，直徑約 3-12 寸），滑輪安裝在置於平坦表面的長方形架上。 |
| 坐墊 | 自行車的座位。 |
| 車痤瘡 | 褲襠部位的皮膚問題，因為踩踏而導致的破皮。 |
| Schrader 氣嘴 | 跟汽車輪胎相同的內胎氣嘴。 |
| 坐墊位置 | 座位與中軸的距離；座位與中軸的前後相對位置；座位前傾與後傾的情形。 |
| 後上叉 | 從座位往後叉端往下延伸的小車管。 |
| 座管 | 從座位往中軸向下延伸的車管。 |
| 縫合胎 | 內胎周圍縫合起來然後黏到一個稍微凹進去的鋼圈中，也稱作「管胎（tubular）」。 |
| 變速把 | 現代的變速內建在跟煞車卡鉗裡面；在這之前，變速把的位置在下管頂端附近。 |
| 坐在輪子上 | 騎乘在某人的擋風區中。 |
| 快拆拉桿 | 做出凸輪槓桿動作的一支金屬桿，把輪子的花鼓卡到車架裡面。 |
| 滑流 | 騎乘中的騎士後方保護性氣流的區域。 |
| 高速踩踏 | 以高踏頻踩踏的能力。 |
| 輻條 | 細的支撐性金屬桿，組成車輪的內部，讓車輪保持圓形（或是成型）。 |
| 輻條扳手 | 這種扳手的設計中，具有吻合輻條頂端的溝槽。 |
| 飛輪 | 齒盤或是鉗齒輪的一個概括的名詞。 |
| 健身自行車 | 用於室內訓練。這個器具具有不同程度的阻力。 |
| 豎管 | 從前叉碗的頂端延伸到手把的桿子。 |
| 孤注一擲 | 非常早期就開始衝刺。 |
| 節奏騎 | 以輕快的踏頻快速騎乘。 |

| 名詞 | 定義 |
|------|------|
| 胎紋切割 | 當整個輪胎殼被刺穿了一個或更多個胎紋（該把輪胎扔掉了）。 |
| 計時賽 | 計時賽讓個別騎士與時鐘競賽，目標是在最短的時間內騎完競賽距離。競賽路線長度通常是 500 公尺到 1 公里，選手來回騎乘直到 5 公里與 25 公里之間。 |
| 輪胎 | 保護內管。輪胎有各種尺寸，依輪圈的大小而異。登山車的輪胎通常「凸凸」的，而公路車的輪胎胎紋平滑。 |
| 上管 | 從座位延伸到前叉碗頂端的車管。 |
| 腳趾勾片 | 連接到踏板上的腳趾零件，把腳固定在踏板上。 |
| 內胎 | 內胎包住空氣，讓輪胎保持充氣。 |
| 折返點 | 車手在計時賽來一回的路線上反轉方向處。 |
| UCI | 國際自行車總會，自行車比賽的國際聯盟。 |
| 排到高檔 | 變速到教高速的齒輪，較小的齒輪，或是更大的齒盤。 |
| 自行車場館 | 自行車競賽的加蓋場地。 |

# 附錄：培養技術的訣竅

## 學習騎自行車

　　教人騎自行車有很多方法。其中一個成功的方式是找出運動員可以舒適地坐在自行車上且雙腳碰到地上的自行車尺寸。這意味著使用一台一般來說對該位自行車運動員太小的自行車，但就學習的目的來說，這樣可以加強信心以及安全性。這時最好把踏板、曲柄、鏈條移除，讓運動員雙腳可以容易無阻礙地踏到地上（在這個學習階段，你的運動員最好要穿長袖長褲）。找一個很平緩的下坡，讓自行車運動員用腳推動自行車前後移動。在運動員能夠以腳離地的方式滑下這個緩坡時，可以把踏板重新裝回去，讓運動員學習使用踏板來移動自行車。如果你會常常教人學習騎雙輪車，最好有一台腳踏車是用來這樣使用的。你要準備示範動作；把一台自行車設定好，讓你可以用在這個練習中。

　　輔助輪也許是學習騎乘自行車的最常見方式了。這個方式的一個優點是，輔助輪會讓自行車比較穩定，自行車運動員會比較有信心。舉例來說，沒有輔助輪的自行車，停止的時候是無法直立的。運動員平衡感變好以後，輔助輪可以稍微提高一點。只是要記住，使用輔助輪的話，在高速過彎時要比較小心。

## 基礎自行車技術

　　不同的自行車騎會士經由不同的教學方式得到最好的技術學習成效。身為教練的挑戰是，學習以最有效率的方式指導你的自行車運動員。有些人會需要多一點口語指導，有些人經由示範就可以學習。把技術分解開來，可以簡化教學過程，也可以讓那些已經會執行某些步驟但還未能執行完整技術的運動員得到正面回饋。

# 學習自行車騎乘的練習

## 滑行練習

把自行車置於緩下坡上。運動員應該要能在沒有出發台的狀態下，舒適地乘坐在自行車上，雙腳置於地上。不使用踏板，運動員往地面推蹬，讓自行車滑行，雙腳在空中─不碰觸到地面。

## 踩踏練習

運動員坐在自行車上，把右腳放在右邊踏板，以左腳保持平衡，以左腳推蹬，向前移動自行車，同時右腳往踏板踩下去。當自行車開始向前移動時，把左腳放在左邊踏板上，同時頭要抬起且向前看。

註：如果有自行車訓練台可以用，把自行車架在上面，練習踩踏。

## 單腳踩踏練習

讓運動員一腳離開踏板，使用另一腳來做完整的踩踏。騰空腳不要碰到後輪。單腳練習應該從踩 20 下開始，然後進展到 40 下。雙腳交替練習，留心是否有一腿比較強壯或是協調性較佳。

# 上車及起跑

上車是騎乘自行車的必要技能。

# 上車以及起跑的練習

運動員跨坐到自行車上，把右腳放在右邊踏板，左腳推蹬，讓自行車向前移動，同時右腳踩下踏板。自行車前進的同時，運動員把他／她自己往上跨到坐墊上。當自行車開始前進時，他／她把左腳放到左踏板上，同時保持頭抬高以及向前看。運動員應該要能直線踩踏前進。

## 煞車（手煞車）

要跟你的運動員強調正確煞車的重要性。知道在不同的狀況下要何時開始煞車是煞車重要的層面之一。你的運動員應該要知道前剎與後剎以不同的方式讓自行車停止。在減速或是停車時，最好兩種煞車一起使用。如果只有使用後剎，自行車還是可以停止。如果只有前剎用了跟後剎一樣的力道，自行車運動員有可能會從手把上翻過去。正確的煞車需知道前後剎之間的平衡，還有把體重加在後輪，以避免「打滑」或是從把手上面翻過去。煞車的技術包括勿過度矯正、溫和地煞車以及持續踩踏時同時煞車，用煞車皮「輕拂」輪胎。

## 煞車（手煞車）練習

### 手煞車停車練習

上車、朝一個練習錐騎過去、停止踩踏，同時用同等力道擠壓前後煞車的把手，直到自行車停止。

註：運動員要能夠分辨前後煞車，還有練習壓煞車把手；運動員要練習壓每個煞車：右把手啟動後剎，左把手啟動前剎。

註：如果有自行車訓練台，把自行車架在上面，練習煞車。

# 停車及下車

運動員必須能使用機械煞車系統來停止自行車，且能夠安全和正確地下車。

## 停車及下車練習

### 腳煞車停車練習

上車，往練習錐騎過去。停止踩踏，保持踏板在中間的位置（三點鐘與九點鐘方向），左踏板在前，右踏板在後。溫和地把右踏板向後向下踩，在自行車慢下來的時候，持續在腳煞車施加壓力。

在自行車停止之前，把左腳稍微從踏板移開，準備要從自行車上下來。在完全停止後，自行車倒向左側，左腳放到地面。

### 手煞車停車練習

上車，往練習錐騎過去。停止踩踏，同時用同樣的力道去擠壓煞車把手，直到自行車停止。

### 下車的練習

遵循以下的煞車練習程序。完全停止以後，自行車稍微傾向左邊，左腳離開踏板，把左腳放在地上。然後運動員向前離開坐墊，上半身稍微向前，右腳往後抬，身體離開坐墊，雙手握著手把。

如果是使用卡鞋跟踏板的系統，需要額外的時間把腳掌從踏板移開或是鬆開。在停止前，要預留額外的時間，讓左腳可以從踏板離開。

## 具控制力地直線騎乘

　　直線騎乘是所有自行車運動員都需要的重要技術；一個自行車運動員一定要在任何狀況都能穩定騎乘。這是參與團騎前必備的技術。

## 具控制力地直線騎乘練習

### 直線騎乘練習

　　平行排兩排 5-6 個的練習錐，中間要有可以舒適騎乘的空間。當運動員做得比較自在了，增加練習錐排列的長度，縮小練習錐之間的寬度。

### 騎直線並練習看前方

　　使用以上的練習，但運動員要辨識出教練手中拿的色卡。

### 練習並排騎且騎直線

　　使用直線騎乘練習，但另外加入一排練習錐。

# 轉換方向

　　轉換方向包括轉頭或是轉舵。轉頭指的是運動員轉動手把以便改變騎乘方向的技術；這個技術只有在低速的時候才可以用。轉頭是比較基礎的技術，讓運動員可以在低速的時候轉換方向。轉舵是中階的技術，運動員要利用在座位上轉移髖部重量（或是傾斜），而不是使用手把，在較高速的時候轉換方向。

　　在三輪車上轉舵是個具挑戰性的任務。跟自行車一樣，方式是停止踩踏，把體重移往內側的踏板，盡可能把體重都移到自行車內側。三輪車後輪內側會容易離地，造成三輪車翻車。只要他／她知道急彎或是加速會導致撞車，讓運動員習慣這個內側輪胎變輕的感覺是個好主意。

# 轉換方向的練習

## 轉舵練習

　　練習錐排成一圈，或是用粉筆畫一個圓圈。站在自行車左側，用雙手抓著自行車手把。逆時鐘方向繞著圓圈推自行車；站在自行車右側順時鐘重複這個練習。

　　每個方向各走幾圈後，運動員在圈圈外面上車，慢慢地朝圈圈踩踏騎乘，轉進圓圈中，兩個方向都騎乘數圈。

## 8 字練習

　　使用練習錐或是粉筆，劃出 8 字形，讓運動員沿著 8 字型的路線騎乘。

## 彎道練習

把 10 個練習錐間隔約 7 公尺排成直線。開始這個路線時，運動員在到達第一個練習錐很早之前就要以具控制力的方式騎乘於自行車上。

## 過彎練習

回到圓錐排成的圓圈。這次運動員抓著座位上面，自行車稍微向內傾斜，讓自行車沿著圓圈前進。讓運動員以不同方向作這個練習，換人練習。

找一個彎道或是用練習錐排一個彎道。運動員上車，然後以中等但具控制力的速度，內側踏板往上，抬頭往彎道看過去，往彎道騎乘過去。自行車內側的膝蓋指向彎道，運動員滑行但不踩踏。在反方向重複這個練習。

註：要運動員想著進入彎道前自行車內側的膝蓋要碰到手肘或許會很有幫助。

# 中階自行車技術

　　下面這組技術動作會讓自行車運動員不只是準備好要騎自行車而已。我們會把周遭的其他自行車運動員納入考量，以及騎乘地更有效率。

## 掃描

　　掃描不只有用，而且有時候有必要知道你後方的狀況。掃描是往兩側以及向後查看同時保持直線騎乘的能力。重要的內容包括越過左肩查看後方來車，轉換車道時向後看，以及看右側是否有人想要從內側超車。這些動作都要在維持直線騎乘的狀態下完成。自行車運動員常常會傾向把車頭拉往他們轉頭的方向。例如說，往後還有往左看的時候，自行車運動員會拉左側手把，造成自行車過度偏向左側。為了避免這種情形，上半身要放鬆，雙手鬆鬆地放在手把上。當運動員想要查看其他人經過時的位置，運動員應該要從手臂下方看過去，尋找後方運動員的前輪，以及／或許看到運動員的側面，最後從手臂下方往下與往後看，從後輪看過去。

## 掃瞄練習

　　把練習錐（5 或 6 個）排成兩排，兩排間隔約 5 公尺，練習錐之間間隔 1 公尺。請運動員練習以中等速度騎向練習錐，且騎在練習錐的中間，練習直線騎乘幾次。當運動員可以穩定騎直線後，讓運動員以中等速度騎在練習錐中間。騎到一半時，要運動員掃描一下左邊，且判別出教練手持卡片的顏色。要練習向後掃描的話，讓運動員越過左肩向後看，辨識卡片，然後向前看，檢查自行車有沒有維持直線騎乘。運動員要說出卡片的顏色。騎乘這個路線時，練習左右輪流掃描。提示：在運動員騎過來的時候，揮舞卡片，讓他／她習慣搜尋卡片。然後，等到運動員需要往左側約 90 度的地方掃描的時候，才把卡片拿出來。最後，等到運動員已經騎過去了才秀出卡片，讓運動員需要越過他／她的肩膀掃描才看得到卡片。一開始先在健身自行車上練習。強調務必持續直線騎乘，雙手停留在手把上，而且掃描時是轉頭－而不是轉肩膀。

## 更改雙手在把手上的位置

為了盡可能有效率且舒適地騎乘，自行車運動員要能在騎車時改變雙手在手把上的位置。握手把的力道應保持輕柔（而不是緊握拳頭！）且放鬆。如果自行車有下位手把，控制力最好的位置是下位手把，一兩隻手指頭會擺在煞車手把上平衡。如果想騎得放鬆且輕鬆的話，自行車運動員也許會覺得把雙手放在煞車把手上方（也就是「煞變把把位」）是最舒適的。煞變把把位也是爬坡比較好的手部位置，因為胸口可以較為開闊，橫膈膜比較不會被壓縮，可以更輕易地換氣。

把一手放在靠近把手頂端中央（靠近龍頭），可以幫助運動員在單手騎乘時變速、打手勢、以及從水壺或供水系統喝水時維持自行車朝正中央行駛。為了能夠煞車、變速、或是長途騎乘後釋放手部壓力，自行車運動員需要改變雙手在手把上的位置。

運動員應培養在不失去自行車控制的前提下，頻繁且舒適地更換手部位置的能力。使用「轉舵」的方式來操作自行車，使用髖部而非手把，對於學習這項技術非常有幫助。為了能做到這些，運動員要把更多的身體重量放在坐墊而非放在手把。

# 手部位置的練習

## 輕拍練習

　　請運動員把雙手移到手把頂端，朝中間移到靠近龍頭的地方，身體重量移到坐墊。他／她要在自行車上坐直。讓運動員把慣用手從手把上移開，然後迅速地放回去。漸漸地拉長時間間隔。以像在輕拍手把那樣開始，然後增加手離開手把的時間，增加運動員的信心以及安全感。

## 單手練習

　　當運動員比較有安全感了，你可以帶入更多練習，例如觸碰水瓶，揮手以及觸碰安全帽。接著用非慣用手來打手勢。做這些練習時，位於手把上的手要放在靠近龍頭的中央處。

　　註：要提高難度的話，練習不看水壺，然後把水壺從水壺架拿出來，再把水壺放回去（這比拿出來更難）

## 指尖練習

　　這個練習有個更進階的版本是，讓運動員只把指尖放在手把上。從手把頂端開始（要增加難度的話，可以放在下把把位）。然後在技術與自信增加後，減少碰觸把手的手指數量。

## 從水壺或水袋（CamelBak®）喝水

運動時保持充足水分是很重要的，所以騎乘時喝水是一種關鍵的技術。在自行車上建議的兩種喝水方式是從水壺喝水以及從供水系統喝水。水壺是很淺顯易懂的方式，攜帶方式是將水壺置於自行車架的水壺架上。供水系統是背包式的儲水設備，水袋吸管會伸到運動員嘴邊。

## 從水壺或水袋（CamelBak®）喝水的練習

首先，運動員跨過靜止的自行車，要運動員在不盯著自行車的狀態下，把水壺拿出來，喝水壺中的水。再來，運動員一手放在把手上，一手向你揮手。運動員必須能夠僅用單手操控自行車長達三十秒。龍頭附近是單手操作自行車最穩定的位置。接著，要運動員在直線騎乘時，把水壺取出來然後喝水壺中的水。

使用 CamelBak 水袋的話，要把手從手把移開一下，把水袋吸管放到口中。讓運動員騎乘時練習用其中一隻手的食指碰觸鼻子；這個技術熟練後，他／她可以練習在騎乘時把水袋吸管放到嘴巴裡面。

# 變速

變速是運動員調整齒輪以騎乘還有征服各種地形的過程。舉例來說，如果爬坡時使用高速齒輪（例如，前輪鏈條在大的輪盤上，後輪鏈條在小的飛輪上），爬坡的阻力會非常巨大，讓我們可能無法順利到達頂端。解決方法是在爬坡前轉換成較低速的齒輪（例如，把前輪鏈條移到較小的齒盤，以及／或是後方鏈條移到較大的飛輪上）。

與運動員一起找出最舒適的踏頻。然後要運動員記住這個踏頻感覺起來是怎樣（也許使用自行車電腦來協助），然後教他／她在地形改變時，使用變速以維持那個踏頻。如果踩踏過快，就讓運動員轉換到阻力較高的齒輪；如果踩踏太費力或是太慢，更改成輕鬆一點的齒輪。接近坡道時，運動員記得要預見路況改變，在需要變速前就要變速，且在變速的過程中要持續踩踏。不要在變速時滑行。

## 變速練習

　　使用健身自行車，要求運動員練習變速。鼓勵運動員向前看，而非往下方盯著齒輪，以維持騎乘在道路時的直線行進。讓運動員用感覺來分辨哪個齒輪比較好踩，哪種齒輪比較費力，而不是用看的來辨別。要運動員在變速的時候保持穩定踏頻，要強調齒輪會影響踩踏的難易程度。

　　上路練習時，找一個有平路也有坡道的路線。騎乘在運動員旁邊，要運動員照著地形而選擇適當的齒輪。在路況改變時，藉由改變齒輪，鼓勵運動員全程保持舒適的踏頻（通常是 70-80rpm's）。

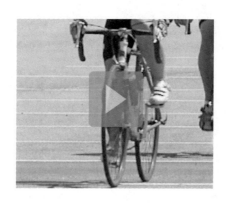

## 控制踏頻

因為踩踏是讓自行車移動的主要方式，了解踏頻是非常重要的。踏頻是每分鐘的轉動曲柄的踩踏圈數。經由變速，我們得以維持最佳的踏頻。理想的踏頻因個人風格會稍微不同，但一般的理想踏頻約為 90。也就是說，1 分鐘踩踏 90 圈。

## 控制踏頻練習

讓運動員用自行車上最大的齒輪盡可能高速踩踏,練習較低範圍的踏頻。這個組合是前面使用最大的齒盤,後面用最小的齒輪。應練習完整踩踏 40 下,且要在平坦的道路上執行。

要運動員以最高踏頻踩踏,練習較高範圍的踏頻。在下坡路段,讓運動員選擇非常低速(輕鬆)的齒輪,這樣曲柄上就不會有阻力,看看在 6 秒內,最多可以踩幾圈。目標是踏頻在 160-200 之間。

# 爬坡

齒輪的選擇是爬坡很重要的一部分；因此，了解變速的技術是很必要的。運動員也應該要培養他／她個人爬坡的方式或是姿勢。兩種常見的方式是坐姿以及站姿。爬坡時最有效率的手部位置是放在煞變把上面方便控制；這在爬坡時可以敞開胸廓，讓橫膈膜減壓，方便呼吸。腳跟沉到踏板底部可以在爬坡時產生更多力量。身體的重量應該要在車子後方，位於坐墊上（不管運動員是坐在坐墊還是離開座位），且運動員應該要能在爬坡時控制變速系統。

變速會讓爬坡成功也可能讓爬坡失敗。為了爬坡，運動員最好要調整踏板施加的力道或是踩踏的頻率。這可以經由更換齒輪或是在踏板上踩更大力來達成。如果運動員身體沒有很強壯，他／她可能需要選擇輕一點的齒輪。在這種狀況中，速度會變慢，但是實際的能量輸出會減少，在坡道上的時間會增加。如果運動員身體很強壯，他／她也許可以較不常更換齒輪，而是藉著增加踏板上的力道來提升踏頻。這是爬坡最快的方式，但也是消耗最多體力的。

運動員需要確保爬到山坡頂端的時候不會為了休息而停止踩踏。一旦運動員來到山坡頂端，應增加踏頻，且運動員應該要變速成較高速的齒輪，以完成攻頂。一般也建議不要沿著山坡另一側滑行下去，因為這可能會使得爬坡時產生的乳酸「淤積」起來。即使沒有阻力，雙腿還是要不停移動；這個動作讓肌肉把乳酸「打」出去。

對於某些運動員來說，爬坡時離開坐墊幾乎就像是額外的變速一樣。但除非他們有受到良好訓練，很多人在 30-45 秒後就會疲乏。如果他們真的選擇離開坐墊騎乘，臀部須保持在坐墊附近，而不是前方。驅動車輛的輪子是後輪，而摩擦力要盡可能地施加在後輪。如果在爬坡時運動員坐回坐墊上，務必緩緩地回到座位，而非「撲通」一聲地坐下去，因為這會造成自行車在坡道上往後晃動，可能會撞到後方緊跟隨的運動員前輪。

## 爬坡練習

　　最好是在一個坡度中等的山坡練習，大約花 30 秒以中等速度爬上去。爬坡的時候，建議教練騎在運動員身邊。充分暖身後，運動員應該要接近山坡，練習在坡度增加時，藉著選擇正確的齒輪以保持適當的踏頻。運動員要練習以坐姿爬坡，也要練習離開坐墊站著爬坡。在長一點的坡道，可以使用坐姿及站姿的組合。在這個練習中，教練騎乘在運動員旁邊，鼓勵運動員使用正確齒輪以及踏頻，還有鼓勵運動員保持放鬆。如果運動員不習慣以站姿騎乘，先在健身自行車上面練習。運動員應該要能在坡度增加的時候正確地「準備好高速齒輪」。教練也可以用旗子、練習錐或是粉筆標示關鍵的變速區，以提醒運動員要變速。

## 擋風

擋風是騎乘道路最節省能量的方式。騎在其他運動員的滑流（slipstream）裡面會降低空氣摩擦力以及保留約三成的體力。要達到這個目的的話，運動員必須學會與其他運動員緊密騎乘。另外，擋風的直接好處與運動員的車速以及風向有關。運動員騎得愈快，擋風的好處愈大。風愈強，擋風的效益愈高。

擋風區背後的邏輯是，前方運動員為後方的運動員在「破風」，製造出「氣穴」（air pocket），減少後方運動員三成的風阻。騎乘在他人的滑流或是擋風區裡面是非常大的優勢。但是騎在這個區域需要一些技術以及信心。

首先，運動員要能自在地騎在他人後方，不撞到輪子也不與他人輪子交疊在一起。運動員也要能非常清楚他／她與其他運動員的相對體型。通常初學者不太能輕鬆地騎在其他運動員旁邊，所以「舒適圈」很大，這樣會讓其他人無法進去他們的「空間」。教練需要協助這些運動員放鬆，且讓運動員對他們自己及其他運動員的技術有信心。大部分的人都需要時間達成，但你可以規劃幾個自行車遊戲，幫助他們開始放鬆。

指導如何擋風時要專注的幾項事情：

- 不要盯著前方車輛的輪子。越過運動員看過去，看到他們前方的道路，要能預見到路況改變及障礙物。
- 不要讓輪子交疊在一起。最佳的擋風效果是，與其他人的輪子保持 5 公分至輪子直徑一半的距離。
- 當你需要慢下來的時候，輕拂煞車皮。騎乘時右手靠在煞車把手上。

- 教導如何感受風吹的方向,以及如何決定你要在前方車輛輪子的左側還是右側。
- 騎乘時的改變都要漸進式地執行。慢慢地加速、逐漸煞車且逐漸轉彎。不要突然做任何事情。

## 輪車及擋風

　　輪車的意思是運動員跟在另一位運動員後方。輪車也可以用在兩兩並排的緊密騎乘團體。一般來說，運動員輪流領騎，讓所有運動員分攤負荷。輪車的目的除了保持團體秩序以外，也提供後方運動員掩護或是擋風。藉由緊緊跟隨前方運動員，擋風這個技術會讓運動員省下高達三成的體能。

# 輪車及擋風練習

## 單列開放式輪車練習

4-6 位運動員以直線排列，盡可能該組中速度最慢的運動員能夠維持的速度，高速騎乘，每人輪流騎在前方一分鐘。在運動員結束領騎後，他們要移到一側，讓車隊通過。接著運動員應該要跟在車列最後一個運動員後面。保持車速穩定，車隊要維持團體行動。

## 封閉式輪替輪車練習

車隊以兩列騎乘，一列比另外一列稍微更快一點。高速列的領騎者完全在慢速列的領騎者的前方時，領騎者應該要移到慢速列（的前面），開始放慢速度，直到他／她變成慢速列最後一位運動員。在這個時刻，他／她移到快速列的後面，繼續在車隊中輪替。位於左側的車列是前進列。位於右側的車列是休息列。當運動員在左車列（前進列）的前面通過右車列（休息列）的前頭時，超車過去的運動員要從右手臂下面看過去，確認他／她已超過剛剛經過的運動員前輪。接著超車的運動員應該要一路踩踏（而非滑行）到右邊，然後開始「輕踩」或是在踩踏時減少力道。輕柔地踩幾下應該會幫助運動員把他／她的速度調整成休息列的車速。

在休息列後面時，運動員應該要尋找右車列最後一位運動員然後超越他們。在這個時刻，他們要準備在兩個車列中漸漸加速，移動到前進列，跟上他們的速度，不留下空隙。

## 團體騎乘

　　團體騎乘是自行車運動獨特的地方。團體騎乘比單獨騎乘多出很多優點，例如革命情感、掩護、配速、方向以及在某些狀況下的安全性。為了盡可能地提高效率，運動員們必須能夠維持團體行動。所以，所有的改變都要慢慢來，且溝通非常重要。所有的加速、轉向，還有停止，都要漸進執行。團體前端的運動員要維持一致的車速，不要突然加速或是減速。團體前面的運動員務必跟其他成員溝通他們觀察到的情形，例如路面的坑洞、朝向他們跑過來的狗，或是要經過或是在他們前面轉彎的汽車。後方的運動員可能會被要求提醒車隊後方有來車出現。團體中的每個人都要盡可能避免煞車；然而，如果他們需要煞車的話，它們應該逐漸地調整他們的速度。驟然停止或是改變行車方向，可能會導致連鎖反應，最後造成摔車。如果彼此拉開了，運動員要慢慢地拉近距離，而不是猛然地追上去，不然後方的運動員會被迫要花更多力氣才能跟上。

# 團體騎乘練習

## 陸上練習

　　讓運動員站立排成一列。解釋擋風的概念，說明領車運動員向前騎乘時最為費力，因為他／她是在「破風」，且指出前方的運動員都會幫每個人運動員「擋風」。要求排在第一位的運動員站到左側，然後叫第二位運動員往前站，成為領車的運動員。這個練習可以幫助運動員了解什麼是「單列輪車」。然後，要運動員站到他們的自行車右方，雙手放在手把上。將運動員排成一列，重複單列輪車的過程，說明如果運動員們的自行車愈靠近彼此的話，每個運動員會可以得到更多擋風。

## 單列輪車道路技術

　　在足夠的熱身後，指導運動員在騎乘時排成一列。鼓勵領車的運動員以穩定的速度騎乘，讓所有運動員可以加入單一的輪車行列。要求每個運動員在車列前頭輪流 30 秒（拉速度）。教練騎在輪車列的旁邊，量測每個運動員輪到前頭的時間。拉速度 30 秒以後，帶頭的運動員稍微移到輪車隊伍的右側，讓第二位運動員可以接下領車的角色。騎在輪車隊伍右側時，運動員一定要騎得比隊伍稍微慢一點，讓下一位運動員可以接著領車。教練要更改「拉速度」的時間，讓運動員可以練習在更長或是更短的時間中維持穩定速度。

　　註：在學習這個技術時，運動員最好往右方移出，比較不會失誤。如果初學者往左邊移出去，他們常常會騎得太靠近道路中間，這個位置很危險。

# 高階自行車技術

## 騎經路面改變／跳上路緣

這個部分的主要目標是教導運動員在移動時移到前輪或是後輪。這個技術對於安全騎經大的路面凹陷（無法閃避的凹洞）、騎到不同高度的柏油路、以及在需要時騎到人行道上面時，是必須的。

## 騎／跳上路緣練習

這個技術需要把體重從一個車輪完全移到另一個車輪。第一步是把前輪移離地面，「表演一下特技」。就初學者來說，這指的是前輪剛好離開地面而已。下一步是藉由把手把往下推，以及身體重量離開坐墊，稍微把車身拉起來，把後輪的重量移開。

路上擺一個直徑 2.5 公分的竿子，叫運動員試著越過去且輪子不碰到竿子。逐漸增加障礙物的尺寸，直到運動員能夠平順地騎上 15-20 公分的路緣。

# 競賽技術

## 起跑

## 以單腳在地面起跑

這個技術在每次騎自行車的時候都會用到。有能力在起跑時、交通號誌變成綠燈時、或是被一條大狗追逐的時候，迅速且有效地執行這個技術是很重要的。

## 以單腳在地面起跑練習

讓 3-8 位運動員在路上排成一橫排，一腳在地上，一腳在踏板一點鐘或兩點鐘的方向（在頂端中間旁邊一點）。讓運動員聽到「Go」的指令時推蹬著地腳，推地腳放到踏板上，以具控制力的直線騎乘 100 公尺。這個練習以及起跑時的齒輪應該要是低速的齒輪（42x18 齒），或是一般自行車上大齒盤配中的鉗齒輪。

## 雙腳在踏板上，在計時賽中扶車起跑

計時賽起跑時如果有扶車者協助，會讓運動員可以快速地駛離起跑線，因為起跑時雙腳都在踏板上了。

三輪車計時賽的起跑是特定訓練會有幫助的定一個領域。最好的彌補方式是有效率地使用多變速自行車上的齒輪，或是使用配備有相對較低速齒輪的單速自行車。最有效率的短程計時賽會在路線中變速2-3次。有很多方式可以幫助運動員得知何時變速；最簡單的方法也許是要運動員計算右腳來到踩踏頂端的次數。達到特定次數的踩踏後，就該往上變速一格了。另外一個方式也許是使用路線上面的電線桿或是路標；每一或兩個電線桿時，就該變速。當然這全都與運動員的踏頻有關，最後你的運動員會開始感覺到他們以最有效率的速度踩踏著。

## 雙腳在踏板上，扶車起跑的練習

### 練習一

在運動員來到練習區的起點時，運動員要看著齒輪，然後藉著他人協助，把自行車變速到正確的起始齒輪；通常是後輪比最大的齒輪小一

到兩格的齒輪，以及前輪最大的那圈齒輪。運動員練習時，教練從後方扶著運動員，另外一個教練倒數五秒。運動員雙手放在下把把位上（如果他們有下把的話）；右踏板的位置比左踏板高五公分。運動員向上且向前看，雙腳卡鞋扣入踏板（如果沒有勾片的話，放在踏板上）。倒數到二的時候，運動員站起身，髖部在坐墊正上方，而非坐墊前方；數到 Go 的時候，運動員平均地把手把拉起來，同時右腳踩下，左腳拉起。運動員持續離開坐墊加速，直到加速至需要變速的程度；然後運動員逐漸回到坐墊上坐好。在坐墊上騎乘時，運動員也許需要練習變速至更費力的齒輪。

## 練習二

運動員能自在地起跑後，練習保持在兩排 10 個練習錐的中間，練習起跑後直線騎乘。

# 路寬，計時賽折返點

　　很多個人計時賽都是在來回折返的路線上舉辦，所以需要在半路轉180度的彎，反轉騎乘的方向。安全執行這種轉彎的速度與路寬以及運動員的技術程度有關。

# 路寬，計時賽折返點練習

### 練習一

　　找一段至少500公尺長的筆直道路。在兩端各放一個練習錐，每個練習錐站一個工作人員。讓運動員往練習錐騎過去，慢下來然後幾乎停止，然後繞過練習錐（運動員第一次練習這個練習時，應該要慢慢地往練習錐騎過去）。運動員要練習轉彎時換成比較輕鬆的齒輪。轉彎後，他／她應該要站起身離開坐墊，彷彿在衝刺那樣，然後坐下，調回轉彎前使用的齒輪。

### 練習二

　　以競賽的速度重複練習－可能需要增加練習錐之間的距離才行。

## 衝刺

因為團體起跑的自行車賽事中，完賽的順序是以位置而非時間來決定，所以接近終點線的時候，能夠迅速加速是很重要的。任何在一群或是一批人之中來到比賽終點的運動員，都會需要衝刺完賽。

### 衝刺練習

如果使用下把把位，其實要練習雙手在手把最低的位置時從坐墊起身。在這個練習中，要用練習錐標示練習終點線－以粉筆與工作人員標示－的前 200 公尺處。運動員要先練習低速往練習椎騎過去然後練習稱為「跳躍」的技術。運動員把手把往上拉，離開坐墊，一邊把踏板往下踩然後往上拉。這是計時賽開跑所需的同樣技術，這是應該要先練好的。

運動員在練習錐的地方「跳」起來，然後盡可能保持離開坐墊，直

到到達終點線。運動員須能在終點時控制自行車。

以較高車速重複這個練習。

# 維持穩定高速

以最少的時間計時賽或是長途騎乘，需要能夠自己配速，維持一致的高速。

# 維持穩定高速的練習

### 練習一

找一條至少一英里長的筆直安全道路：可以的話，找更長一點的道路。

劃出開始及結束的區域，要運動員高速騎乘，不滑行。紀錄運動員所花的時間。如果有需要的話，重複做這個動作。如果有自行車電腦的話，要每個運動員騎到特定的速度，然後回報電腦上看到的數字。

### 練習二

增加距離，練習使用不同的齒輪，教運動員不同齒輪的差異。

# 日常生活中的技術

## 以自行車作為交通工具

運動員要學習道路規則。要花時間教運動員使用聽力來辨別接近他們的車輛大小，使用手勢，轉彎前往後看，以及穿越路口前先查看。

花時間討論當地哪些路是可以與其他運動員一同安全騎乘的，哪些路線永遠不要騎。

在運動員可以使用自行車當作交通工具之前，他們要能證明他們擁有安全騎乘的知識以及習慣：打開車燈，使用智能指示燈光系統（blinker），做出行車手勢，對可能快速靠近路口的汽車使用喇叭或是發出噪音。運動員要知道如何以直線騎在道路側邊，要能辨認出道路上的危險，例如鐵路、路上的水溝蓋、玻璃等等，這些都是很重要的。自行車運動員要知道怎麼更換洩氣的輪胎，還有要能夠告知他人他們的姓名、住址以及電話號碼。

另外一個重要的技巧是應對無禮或是生氣的駕駛人。自行車運動員在道路上總是處於劣勢。汽車比自行車還要大，而且不管汽車駕駛人多生氣或是無禮，自行車運動員一定要保持沉著且不具攻擊性的態度。絕對不要回以粗魯的叫喊或是手勢。只要微笑還有揮手就好，還有記下車子的顏色型號，還有，如果可以的話…記下車牌號碼。

# 特殊奧林匹克：
## 自行車——運動項目介紹、規格及教練指導準則
## Cycling：Special Olympics Coaching Guide

作　　　者／國際特奧會（Special Olympics International，SOI）
翻　　　譯／陳燕婷
出 版 統 籌／中華台北特奧會（Special Olympics Chinese Taipei，SOCT）

總 編 輯／賈俊國
副 總 編 輯／蘇士尹
編　　　輯／高懿萩
行 銷 企 畫／張莉榮‧蕭羽猜‧黃欣

發 行 人／何飛鵬
出　　　版／布克文化出版事業部
　　　　　　台北市中山區民生東路二段 141 號 8 樓
　　　　　　電話：(02)2500-7008 傳真：(02)2502-7676
　　　　　　Email：sbooker.service@cite.com.tw
發　　　行／英屬蓋曼群島商家庭傳媒股份有限公司城邦分公司
　　　　　　台北市中山區民生東路二段 141 號 2 樓
　　　　　　書虫客服服務專線：(02)2500-7718；2500-7719
　　　　　　24 小時傳真專線：(02)2500-1990；2500-1991
　　　　　　劃撥帳號：19863813；戶名：書虫股份有限公司
　　　　　　讀者服務信箱：service@readingclub.com.tw
香港發行所／城邦（香港）出版集團有限公司
　　　　　　香港灣仔駱克道 193 號東超商業中心 1 樓
　　　　　　電話：+852-2508-6231　　傳真：+852-2578-9337
　　　　　　Email：hkcite@biznetvigator.com
馬新發行所／城邦（馬新）出版集團 Cité (M) Sdn. Bhd.
　　　　　　41, Jalan Radin Anum, Bandar Baru Sri Petaling,
　　　　　　57000 Kuala Lumpur, Malaysia
　　　　　　電話：+603- 9057-8822　　傳真：+603- 9057-6622
　　　　　　Email：cite@cite.com.my
印　　　刷／韋懋實業有限公司
初　　　版／2022 年 12 月
售　　　價／新台幣 300 元
I S B N／978-626-7256-22-0
E I S B N／978-6267-256-06-0（EPUB）

城邦讀書花園　布克文化
www.cite.com.tw　www.sbooker.com.tw